VORGÄNGE IN DER SCHEIBE EINES INDUKTIONSZÄHLERS UND DER WECHSELSTROMKOMPENSATOR ALS HILFSMITTEL ZU DEREN ERFORSCHUNG

VON DER

TECHNISCHEN HOCHSCHULE ZU DARMSTADT

ZUR

ERLANGUNG DER WÜRDE EINES DOKTOR-INGENIEURS

GENEHMIGTE

DISSERTATION

VORGELEGT VON

Dipl.-Ing. W. v. KRUKOWSKI

AUS RADOM

REFERENT: GEHEIMER HOFRAT PROFESSOR DR. K. WIRTZ
KORREFERENT: PROFESSOR Dr.-Ing. W. PETERSEN

VERLAGSBUCHHANDLUNG JULIUS SPRINGER IN BERLIN
1920

Tag der Einlieferung der Dissertation: 26. September 1918
Tag der mündlichen Prüfung: 2. Dezember 1918

Von der vorliegenden Arbeit erscheint eine Buchausgabe im Verlag von Julius Springer.

ISBN-13: 978-3-642-98466-2   e-ISBN-13: 978-3-642-99280-3
DOI: 10.1007/978-3-642-99280-3

Inhaltsverzeichnis.

I. Einleitung.

Die Wirkungsweise des Induktionszählers (Ferrariszählers), des zur
Zeit wichtigsten Meßgerätes zur Bestimmung des Verbrauches elektri·
scher Arbeit bei Wechselstrom, kann im wesentlichen als geklärt be·
trachtet werden. Es sei hier nur auf die Behandlung des Gegenstandes
in den Werken von Möllinger[1]) und Schmiedel[2]) hingewiesen.
Über die den Zählerfachmann interessierenden Einzelheiten sind jedoch
bis jetzt sehr wenige Untersuchungen bekannt geworden und es scheint
noch manche Unklarheit über dieselben zu bestehen. Dies bezieht
sich insbesondere auch auf die sehr wichtigen Vorgänge in der Scheibe.

Die über Spezialfragen aus der Zählertechnik veröffentlichten
Arbeiten kann man in zwei Gruppen einteilen.

Zu der ersten gehören solche Abhandlungen, die die Klärung der
Erscheinungen auf rein theoretisch rechnerischem Wege zu gewinnen
suchen. Diese Arbeiten sind, vom theoretischen Standpunkt aus betrachtet, zum Teil sehr wertvoll und interessant, berücksichtigen jedoch
nicht genügend die bei praktischen Zählern vorkommenden Erscheinungen, da ihnen vereinfachte, in der Praxis nicht zutreffende Voraussetzungen zugrunde liegen.

Die zweite Gruppe umfaßt Abhandlungen, in denen von den Resultaten experimenteller Untersuchungen Gebrauch gemacht wird. Solche
Arbeiten versprechen ein bedeutend tieferes Eindringen in das Wesen
der Erscheinungen zu ermöglichen; die bis jetzt erhaltenen Resultate
sind jedoch auch hier noch wenig befriedigend, da die angewandten
Meßmethoden meist ziemlich unvollkommen gewesen sind. Das Resultat wurde fast stets durch Auswertung der Fehlerkurven des Zählers
gewonnen. Die für den Zählerbau wichtigen Korrektionsgrößen ergeben
sich auf diese Weise nur als kleine Differenzen der gemessenen Größen,
deren Genauigkeit nicht hoch genug ist, um sichere Schlüsse zu ziehen,
um so mehr, als sich meist verschiedene Einflüsse überlagern, deren
Trennung schwer oder gar nicht durchführbar ist.

---

[1]) Dr.-Jng. J. A. Möllinger, „Wirkungsweise der Motorzähler und
Meßwandler". Berlin 1917.

[2]) Dr.-Jng. K. Schmiedel, „Wirkungsweise und Entwurf der Motor-
Elektrizitätszähler". Stuttgart 1916.

Was besonders die experimentelle Untersuchung der Ströme in der Scheibe des Zählers anbetrifft, so sind bis jetzt über diesen Gegenstand überhaupt kaum Arbeiten veröffentlicht. Eine kurze Bemerkung über die von Chr. Baeumler ausgeführten Untersuchungen, auf die später noch näher eingegangen werden soll, wird von Möllinger[1]) gemacht.

Der richtige Weg ist zweifellos der, daß man die in Frage kommenden Größen direkt mißt. Dieses bietet aber bei Induktionszählern insofern Schwierigkeiten, als die gebräuchlichen Wechselstrom-Meßinstrumente einen so hohen Eigenverbrauch aufweisen, daß die zu untersuchenden Erscheinungen selbst durch sie beeinflußt werden.

Bei Gleichstrom besitzt man im Kompensationsverfahren ein vorzügliches Mittel zur Messung von Spannungen und Strömen. Die magnetischen Felder lassen sich bequem mit Hilfe des ballistischen Galvanometers untersuchen. Das gleiche läßt sich auch bei Wechselstrom bei Anwendung der Kompensationsmethode erreichen. Diese erlaubt Spannungen ohne Stromverbrauch, Ströme von praktisch beliebiger Stärke mit geringem Spannungsverlust sowie Flüsse ohne Effektverbrauch zu messen. Das letztere kann durch Bestimmung der in einer Prüfspule induzierten EMK bequem ausgeführt werden. Aus diesem Grunde erscheint diese Methode als die einzig brauchbare zur Untersuchung der Vorgänge im Induktionszähler, sie wurde vom Verfasser im Zählerlaboratorium der SSW mit Erfolg angewandt.

Die vorliegende Arbeit stellt sich die Aufgabe, die erwähnten Vorgänge in der Scheibe sowie deren Einfluß auf das Verhalten der Apparate in einer physikalisch anschaulichen Weise klarzulegen und die vom Verfasser zur experimentellen Untersuchung der Erscheinungen benutzten Verfahren zu beschreiben. Dabei soll besonders eingehend die Kompensationsmethode für Wechselstrom behandelt werden, welche gewissermaßen einen in sich abgeschlossenen Teil der Arbeit bildet. Dies erschien, obwohl die Methode an und für sich nicht neu ist, gerechtfertigt zu sein, da dieselbe trotz ihrer vielseitigen Anwendbarkeit bis jetzt, wenigstens in Deutschland, sehr wenig Beachtung gefunden hat und ihre Theorie sowie die bei der Durchführung der Messung zu beachtenden Gesichtspunkte noch in mancher Hinsicht bis jetzt ungeklärt gewesen sind. In den Lehrbüchern über elektrotechnische Meßkunde wird sie, wenn man von ihrer Anwendung zur Prüfung von Meßwandlern absieht, überhaupt nicht erwähnt.

Die mitgeteilten Versuchsergebnisse sollen lediglich die Anwendung der beschriebenen Meßmethoden und die mit ihnen erzielbare Genauigkeit vor Augen führen sowie den Beweis für die Richtigkeit der aufgestellten theoretischen Beziehungen und einen Einblick in die vorkommenden Größenordnungen gewähren. Die Gewinnung eines um-

---

[1]) l. c. S. 121.

fangreicheren Zahlenmaterials soll noch Gegenstand besonderer Arbeiten sein.

Es sei noch bemerkt, daß alle Betrachtungen der Einfachheit halber auf die am meisten verbreiteten Zähler mit scheibenförmigem Anker beschränkt werden. Die Ergebnisse lassen sich natürlich auch auf andere Zählertypen sowie zum Teil auch auf Induktionsmeßgeräte überhaupt, übertragen. Das Anwendungsgebiet der beschriebenen Meßverfahren insbesondere des Wechselstromkompensators geht noch über diesen Rahmen hinaus.

Die Arbeit wurde im Zählerlaboratorium der SSW durchgeführt.

Der Verfasser möchte auch an dieser Stelle Herrn Direktor Dr.-Jng. J. A. Möllinger für die wertvolle Unterstützung, die er ihm stets zuteil werden ließ, seinen verbindlichsten Dank aussprechen. Ferner sei Herrn Dipl.-Jng. H. Volkmann für seine Hilfe bei den Versuchen gedankt.

Um die Bedeutung des behandelten Gegenstandes für die Zählertechnik hervorzuheben und die verschiedenen Begriffe im Zusammenhang zu definieren, möge noch kurz allgemein auf die Wirkungsweise des Induktionszählers eingegangen werden.

Ein solcher Zähler ist im Prinzip ein durch eine Wirbelstrombremse belasteter Induktionsmotor mit meist scheibenförmigem Kurzschlußläufer, auf den zwei oder mehrere räumlich und zeitlich gegeneinander verschobene Wechselflüsse des Ständers sowie permanente Bremsmagnete wirken. Durch entsprechende Ausbildung des Motors wird erreicht, daß die Umdrehungsgeschwindigkeit bzw. die Drehzahl n des Läufers der Wattbelastung N der Anlage[1]), in der der Energieverbrauch gemessen werden soll, proportional ist. N wird auch kurz als die Belastung des Zählers bezeichnet. Die Gesamtumdrehungszahl u der Scheibe in bestimmtem Zeitintervall t_1 bis t_2 ist dann proportional der Energie $A = \int\limits_{t=t_1}^{t=t_2} N\, dt$.

Mit der Scheibe ist ein Zählwerk gekuppelt, dessen Übersetzung meist so gewählt ist, daß dasselbe direkt Watt- bzw. Kilowattstunden oder deren dekadisches Vielfaches angibt.

Die Theorie des Induktionszählers läßt sich natürlich in der gleichen Weise wie die des Induktionsmotors überhaupt behandeln. Ein quantitativer Unterschied ergibt sich dabei aber insofern, als die verschiedenen Erscheinungen bei Zählern in ganz anderem Größenverhältnis zu einander stehen, wie bei sonstigen Motoren. Es sei hier nur erwähnt, daß der Schlupf bei normalen Drehstrommotoren bei Vollast höchstens etwa 6%, bei Zählern dagegen nahezu 100% beträgt. Von

---

[1]) Die Betrachtungen sollen auf den Wattstundenzähler beschränkt werden, können jedoch auch auf die anderen Apparate, die praktisch geringere Bedeutung haben, sinngemäß übertragen werden.

den verschiedenen Erklärungen der Wirkungsweise der Induktionszähler [1]) ist die anschaulichste und für die Lösung von praktischen Aufgaben die bequemste und fruchtbarste die getrennte Behandlung der „Trieb-" und „Bremsströme". Diese Methode wird auch neuerdings von den meisten Autoren bevorzugt. So z. B. wird von ihr in den Werken von Möllinger und Schmiedel Gebrauch gemacht; sie soll auch im folgenden angewandt werden.

Unter Triebströmen versteht man die Ströme, die auch bei Stillstand durch die Wechselstromelektromagnete des Ständers in der Scheibe induziert werden. Durch das Zusammenwirken der durch einen Fluß induzierten Ströme mit anderen Flüssen kommen Kräfte bzw. Drehmomente zustande; die Summe dieser Drehmomente ist dann das Drehmoment D des Zählers, welches die Rotation der Scheibe zur Folge hat. Bei einem idealen Zähler muß das Drehmoment proportional der Belastung des Zählers sein, also

$$D = C_D N \,{}^2).$$

Unter Bremsströmen versteht man die Ströme, welche durch die bei der Bewegung der Scheibe zustande kommenden EMKe verursacht werden und die durch Zusammenwirken mit den Flüssen Bremsmomente zur Folge haben. Als solche kommen die vom permanenten Magneten und den Wechselflüssen des Ständers induzierten Ströme in Frage. Die einzelnen Bremsmomente sind im wesentlichen der Drehzahl n der Scheibe und dem Quadrat der Flüsse proportional.

Bezeichnet man den Fluß des Bremsmagneten mit Φ_M, den des Spannungseisens, dessen Bewicklung an der Verbrauchsspannung E liegt, mit Φ_E (Spannungstriebfluß), wobei Φ_E proportional E ist und den des Stromeisens, dessen Bewicklung vom Verbrauchsstrom J durchflossen ist, mit Φ_J (Stromtriebfluß), wobei Φ_J proportional J ist, so ist das gesamte Bremsmoment

$$B = C_M \,\Phi_M^2\, n + C_E\, \Phi_E^2 n + C_J\, \Phi_J^2\, n \,.$$

Die Bremsmomente, die vom Ständer herrühren, bezeichnet man als „Spannungs"- bzw. „Stromdämpfung". Im stationären Zustand ist $B = D$ oder unter Berücksichtigung der oben angeführten Gleichungen

$$C_M\, \Phi_M^2 n + C_E\, \Phi_E^2 n + C_J\, \Phi_J^2 n = C_D N \,,$$

daraus folgt

$$n = \frac{C_D N}{C_M\, \Phi_M^2 + C_E\, \Phi_E^2 + C_J\, \Phi_J^2}\,.$$

Falls die zwei letzten Glieder des Nenners gegen das erste, welches für

---

[1]) Siehe hierzu Schmiedel l. c. (Fußnote 2, S. 1.), S. 5.

[2]) Mit C evtl. mit Indizes sollen im folgenden Proportionalitätsfaktoren bezeichnet werden.

einen gegebenen Zähler eine konstante Größe ist, vernachlässigt werden können, ist die Drehzahl porportional der Wattbelastung N. Dieses ist die Bedingung für die richtige Angabe des Zählers. Daraus sieht man also, daß Strom- und Spannungsdämpfung möglichst klein gehalten werden müssen, was besonders bei der Stromdämpfung wichtig ist, da sich der Strom in der Anlage in weiten Grenzen ändert. Die Kleinheit der Spannungsdämpfung ist von untergeordneter Bedeutung, da die Spannung praktisch konstant bleibt.

In Wirklichkeit stellt sich in der umlaufenden Scheibe natürlich eine einzige Strömung ein, die sich aus den Brems- und Triebströmen zusammensetzt.

Bei den obigen Betrachtungen wurden Nebenerscheinungen, wie z. B. der Einfluß der Reibung, außer acht gelassen.

Es sei bemerkt, daß im folgenden alle Dreh- bzw. Bremsmomente in Dyn · cm gemessen werden sollen. Diese Einheit für die Momente erscheint zweckmäßiger, als die in der Zählertechnik bis jetzt übliche g · cm [1]), da einerseits die in Frage kommenden Momente kleine Größen sind und andererseits überhaupt kein Grund vorliegt gerade bei einem Gebiet, welches mit der Meßtechnik unmittelbar zusammenhängt, von den absoluten Einheiten abzugehen.

---

[1]) Das Drehmoment in g · cm ergibt sich aus dem in Dyn · cm ausgedrückten durch Multiplikation mit $1/g = {}^1/_{981}$, also rund ${}^1/_{1000}$.

II. Triebströme.

1. Wesen der Erscheinungen.

Im allgemeinen sind die Vorgänge, die sich auf die Triebströme beziehen, ziemlich geklärt. Wenig beachtet wird jedoch von den meisten Autoren die Richtung der in Frage kommenden Größen; da diese jedoch sehr wesentlich ist, so soll darauf besonders eingegangen werden.

Es ist zweckmäßig bei allen Betrachtungen eine bestimmte Richtung der Flüsse in bezug auf die Scheibe als positive festzulegen. Dabei soll angenommen werden, daß die Flüsse die Scheibe senkrecht zu ihren Begrenzungsebenen durchsetzen. Im folgenden soll als positive die Richtung senkrecht in die Papierebene hinein zugrunde gelegt werden, die bei einem Zähler mit horizontalliegender Scheibe der von oben nach unten entspricht.

In Abb. 1 ist ein Fluß Φ gezeichnet, dessen Spur kreisförmig ist. Das Kreuz (gefiedertes Ende eines eindringenden Pfeiles) gibt die positive Richtung an. Als positive Richtung eines den Fluß umkreisenden Stromes J ist dann die

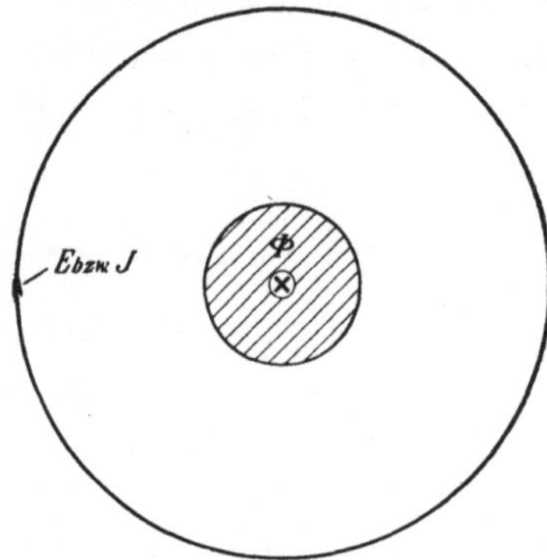

Abb. 1. Die zusammengehörenden positiven Richtungen des Flusses Φ, der EMK E und des Stromes J.

Richtung eines solchen Stromes anzusehen, der den positiven Fluß erzeugen würde, also im vorliegenden Fall die in der Abbildung gleichfalls durch einen Pfeil angedeutete Uhrzeigerrichtung. Als positive Richtung der EMK E ist dieselbe, wie die des Stromes anzusehen. Es ist also dies die Richtung einer solchen EMK, die einen positiv gerichteten Strom erzeugt. Über die jeweilige Richtung der Größen bei Wechselstrom gibt dann das Induktionsgesetz bzw. das Vektordiagramm Aufschluß.

Ändert sich Φ zeitlich, so werden in der Scheibe EMKe $E = -\dfrac{d\Phi}{dt}$ erzeugt. Diese Beziehung zeigt also, daß die EMK dann eine positive Richtung hat, wenn die Stärke eines positiv gerichteten Flusses ab- oder die Stärke eines negativ gerichteten Flusses zunimmt.

Bei einem durch Wechselstrom erregten Fluß eilt die EMK dem Flusse um 90° nach [1]). Die Richtung in jedem Moment läßt sich dann leicht an Hand des Vektordiagramms ermitteln.

Die durch einen Wechselfluß in der Scheibe induzierte EMK ist proportional dem Fluß Φ und der Frequenz f. Die durch diese EMK verursachte und dieser sowie der Dicke ϑ und der Leitfähigkeit $\varkappa$ der Scheibe proportionale Strömung ist also

$$J = c_1\,\vartheta\,\varkappa\,\Phi\,f\,.$$

Für eine gegebene Scheibe ist

$$J = c_2\,\Phi\,f\,. \tag{1}$$

Bei einer unendlich großen homogenen Scheibe und einem kreisförmig begrenzten homogenen Fluß sind die Strömungslinien Kreise, welche zur Begrenzung der Flußspur konzentrisch sind, desgleichen bei einer kreisrunden Scheibe, bei der der Mittelpunkt der kreisrunden Flußspur mit dem Mittelpunkt der Scheibe zusammenfällt. Bei exzentrischer Lage des Flusses, die praktisch allein in Frage kommt, sind es exzentrische Kreise (s. Abb. 10), bei anderer Gestalt der Flußspur weichen die Strömungslinien mehr oder weniger von der Kreisform ab. Auf den Verlauf der Strömung wird unter 2 (S. 12) näher eingegangen.

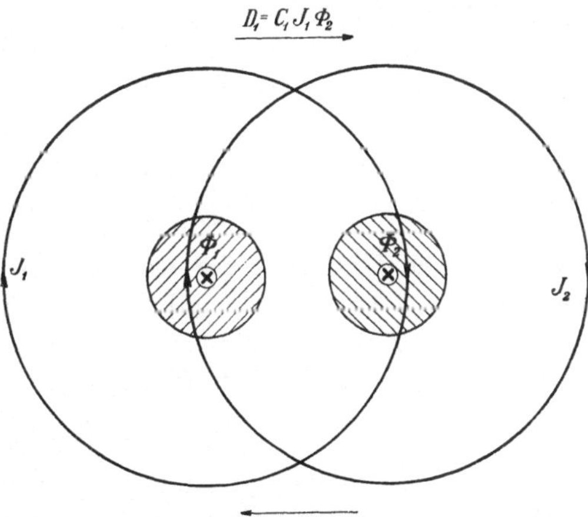

Abb. 2. Richtungen der Drehmomente bei zwei auf eine Scheibe wirkenden Flüssen.

Wirken auf die gleiche Platte zwei räumlich getrennte Flüsse Φ_1 und Φ_2 gleicher Frequenz (Abb. 2), so verlaufen die von Φ_1 induzierten Ströme J_1 zum Teil im Bereiche von Φ_2 und umgekehrt. Der Momentanwert des Drehmomentes, welches durch Zusammenwirken eines in der Richtung der Strömung liegenden Scheibenelementes von der Länge $d\,l$ und dem Querschnitt $\vartheta\,da$, wobei da die Breite des Elementes ist, zustandekommt, berechnet sich zu

$$dD_t = r\,j_t\,\mathfrak{B}_t\,\vartheta\,da\,dl\,\cos\alpha\,.$$

Hierin bedeutet r den Abstand des Scheibenelementes von der Drehachse, j_t bzw. $\mathfrak{B}_t$ den Momentanwert der Stromdichte bzw. der Induk-

---

[1]) Die Betrachtungen sollen der Einfachheit halber im folgenden auf sinusförmig verlaufende Wechselstromgrößen beschränkt werden.

tion, α den Winkel zwischen r und dl. Der zeitliche Mittelwert ergibt sich zu

$$dD = r\,j\,\mathfrak{B}\,\vartheta\,da\,dl\cos\alpha\cos\varphi\,,$$

wobei j und $\mathfrak{B}$ Effektivwerte der Stromdichte und Induktion φ den Phasenverschiebungswinkel zwischen j und $\mathfrak{B}$ bedeuten[1]). Das Gesamtdrehmoment ergibt sich zu

$$D = \iint r\,j\,\mathfrak{B}\,\vartheta\,da\,dl\cos\alpha\cos\varphi\,,$$

wobei die Integration auf die ganze Fläche der Polspur erstreckt ist. Da j proportional der Gesamtströmung J ist und $\mathfrak{B}$ proportional dem Flusse Φ, so ist das Drehmoment proportional den zusammenwirkenden Flüssen und Strömungen.

Über die Richtung der Kräfte bzw. Drehmomente gibt folgende Überlegung Aufschluß.

Betrachten wir einen Moment, in dem beide Flüsse und beide Strömungen positiv gerichtet sind, also in der Richtung der Pfeile in der Abbildung verlaufen, so kommt durch Zusammenwirken der Strömung J_1 mit dem Flusse Φ_2 ein Drehmoment

$$D_{1,t} = C_1 J_{1,t}\,\Phi_{2,t}$$

zustande. Die Kraft hat die Richtung der Verbindungslinie zwischen den Mittelpunkten von Φ_1 und Φ_2 und ist von Φ_1 nach Φ_2 gerichtet. In derselben Weise ergibt sich das Drehmoment, welches durch Zusammenwirken von J_2 und Φ_1 zustande kommt, zu

$$D_{2,t} = C_2 J_{2,t}\,\Phi_{1,t}\,.$$

Dieses Drehmoment hat die Richtung von Φ_2 zu Φ_1. Wird die Richtung des Drehmomentes $D_{1,t}$ als positiv angenommen, so ist die Richtung von $D_{2,t}$ als negativ anzunehmen. Das Gesamtdrehmoment ergibt sich also zu

$$D_t = D_{1,t} - D_{2,t} = C_1 J_{1,t}\,\Phi_{2,t} - C_2 J_{2,t}\,\Phi_{1,t}\,.$$

Der zeitliche Mittelwert der Drehmomente ergibt sich zu

$$D_1 = C_1 J_1\,\Phi_2\cos\varphi_{1,2} \quad\text{bzw.}\quad D_2 = C_2 J_2\,\Phi_1\cos\varphi_{2,1}\,,$$

wobei analog wie oben J_1 bzw. J_2 und Φ_1 bzw. Φ_2 Effektivwerte und $\varphi_{1,2}$ bzw. $\varphi_{2,1}$ die Phasenverschiebungswinkel zwischen J und Φ sind.

Das Gesamtdrehmoment ist also

$$D = C_1 J_1\,\Phi_2\cos\varphi_{1,2} - C_2 J_2\,\Phi_1\cos\varphi_{2,1}\,.$$

-----

[1]) Im folgenden sollen bei Wechselstrom allgemein durch einen Index t die Momentanwerte, durch einen horizontalen Strich über den Buchstaben die Scheitelwerte und durch Buchstaben ohne diese Kennzeichen die Effektivwerte bezeichnet werden. Soweit es keine Schwierigkeiten bietet, werden ferner für die Momentan- und Scheitelwerte kleine und für die Effektivwerte große Buchstaben verwendet.

Bei einer Phasenverschiebung ψ zwischen Φ_1 und Φ_2, wobei der Fluß Φ_2 dem Flusse Φ_1 nacheilt, haben die in der Scheibe induzierten EMKe und Ströme die in der Abb. 3 gezeichnete Lage. Die Ströme J_1 und J_2 eilen infolge der Streuinduktivität der Scheibe den EMKen um die kleinen Winkel δ_1 bzw. δ_2 nach. Es ist also

$$\varphi_{1,2} = 90^\circ - \psi + \delta_1 \quad \text{und} \quad \varphi_{2,1} = 90^\circ + \psi + \delta_2 \, .$$

Das Gesamtdrehmoment ergibt sich also zu

$$\left. \begin{aligned} D &= C_1 J_1 \Phi_2 \cos(90^\circ - \psi + \delta_1) - C_2 J_2 \Phi_1 \cos(90^\circ + \psi + \delta_2) \\ &= C_1 J_1 \Phi_2 \sin(\psi - \delta_1) + C_2 J_2 \Phi_1 \sin(\psi + \delta_2) \, . \end{aligned} \right\} \quad (2)$$

Man sieht, daß die beiden Drehmomente sich bei $\psi > \delta_1$ addieren.

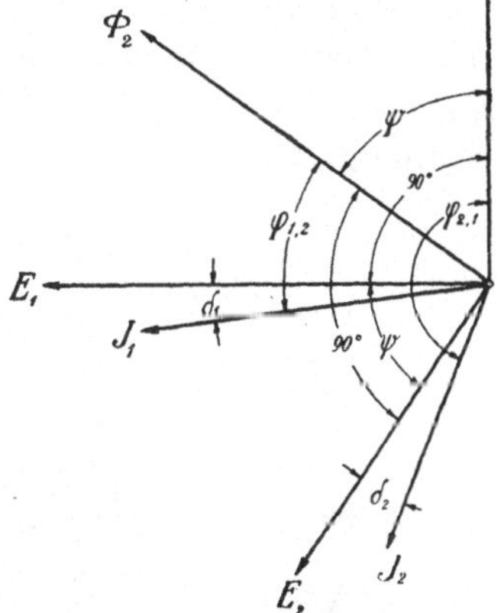

Abb. 3. Lage der Vektoren bei zwei auf die Scheibe wirkenden Flüssen Φ_1 und Φ_2.

Berücksichtigt man, daß bei $\varphi_{1,2} < 90^\circ$ bei positiv gerichtetem Φ_2 die allein zum Drehmoment beitragende, in die Richtung von Φ_2 fallende Komponente von J_1 gleichfalls positiv gerichtet ist, so ist nach dem obigen das Drehmoment D_1, also auch das Gesamtdrehmoment von Φ_1 zu Φ_2 gerichtet oder, da Φ_2 Φ_1 nacheilt, ist die Kraft bzw. das Drehmoment vom voreilenden zum nacheilenden Fluß gerichtet.

Unter Berücksichtigung, daß nach Gleichung (1) $J_1 \sim \Phi_1 f$ und $J_2 \sim \Phi_2 f$ ist, erhält man aus Gleichung (2):

$$\left. \begin{aligned} D &= C' \Phi_1 \Phi_2 f \sin(\psi - \delta_1) + C'' \Phi_1 \Phi_2 f \sin(\psi + \delta_2) \\ &= \Phi_1 \Phi_2 f \cdot [C' \sin(\psi - \delta_1) + C'' \sin(\psi + \delta_2)] \, . \end{aligned} \right\} \quad (3)$$

Kann die Induktivität der Scheibe vernachlässigt werden, also $\delta_1 = \delta_2 = 0$ gesetzt werden, so ist

$$D = (C' + C'') \Phi_1 \Phi_2 f \sin \psi = C \Phi_1 \Phi_2 f \sin \psi \, . \quad (4)$$

wobei $C = C' + C''$.

Beim Wattstundenzähler entsprechen den oben betrachteten Flüssen Φ_1 und Φ_2 der Stromtriebfluß Φ_J und der Spannungstriebfluß Φ_E. Durch geeignete Wahl der Verhältnisse kann erreicht werden, daß praktisch Φ_J proportional dem Verbrauchstrom J und $\Phi_E f$ proportional der Verbrauchspannung E ist [1]). Vernachlässigt man die Streainduk-

---

[1]) Zuweilen wird durch besondere Maßnahmen (gesättigte magnetische Nebenschlüsse) erreicht, das Φ_J bzw. Φ_E sich stärker als proportional J bzw. E ändern. Dadurch kann die schädliche Wirkung der Strom- bzw. Spannungsdämpfung ausgeglichen werden. Die im folgenden behandelten Beziehungen zwischen den Winkeln φ und ψ behalten auch in diesem Fall ihre Gültigkeit.

tivität der Scheibe, so ergibt sich aus Gleichung (4) das Drehmoment des Zählers zu

$$D = C\,\Phi_J\Phi_E\,f\,\sin\psi = C_D\,J\,E\,\sin\psi\,.$$

Wie in der Einleitung gesagt worden ist, soll D proportional der Wattbelastung N der Anlage sein. Da $N = JE\cos\varphi$ ist, so muß also, falls der Zähler bei jedem Wert von φ richtig zeigen soll, $\sin\psi = \cos\varphi$ sein oder $\psi = 90 - \varphi$. Dann ist also

$$D = C_D\,J\,E\,\cos\varphi$$

Φ_J und Φ_E sind bei $\varphi = 0$ (induktionsfreie Belastung) um $90°$ gegeneinander verschoben und bei $\varphi = 90°$ sind sie in Phase.

Der Fluß Φ_J eilt gegen den Strom J infolge der Eisenverluste und der Belastung, die durch die Scheibe verursacht wird, um einen Winkel ψ_J nach. Daraus folgt also, daß die Phasenverschiebung zwischen Spannungsfluß und Spannung $\chi = 90° + \psi_J$ sein muß [1]).

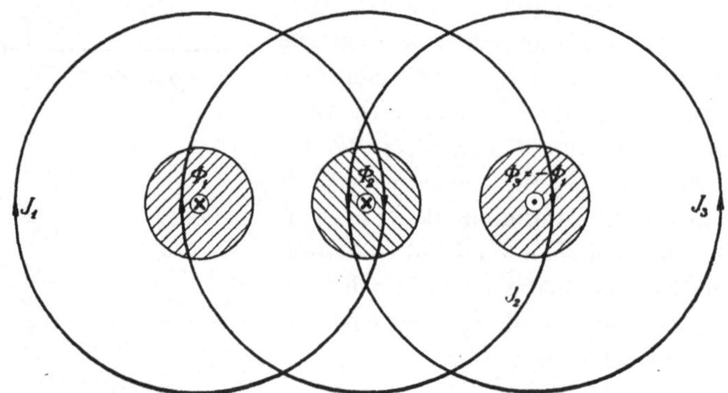

Abb. 4. Drei auf die Scheibe wirkende Flüsse und die durch dieselben induzierten Triebströme.

Wirken auf die Scheibe, wie dies meist bei den ausgeführten Induktionszählern der Fall ist, drei Flüsse, von denen die beiden äußeren entgegengesetzt gerichtet und gleich stark sind — der eine ist als Rückleitung des anderen zu betrachten — so addieren sich die sämtlichen entstehenden Drehmomente. Dieses ist ohne weiteres aus der Betrachtung des Verlaufes der Ströme in Abb. 4 zu ersehen, welche für ein Moment gezeichnet ist, in dem Φ_1, Φ_2, J_1 und J_2 positiv, also Φ_3 und J_3 negativ gerichtet sind. Im Bereiche des Flusses Φ_2 verlaufen die Strömungen J_1 und J_3 so, daß sich die Drehmomente addieren,

---

[1]) Über Mittel, durch welche dies erreicht werden kann, siehe z. B. bei Möllinger oder Schmiedel l. c. (Fußnoten S. 1). Bei vielen Betrachtungen über Zähler kann $\psi_J = 0$ gesetzt werden, so daß angenommen werden kann, daß der Spannungstriebfluß gegen die Spannung um $90°$ nacheilt. Dies wird meist als „$90°$-Abgleichung" bezeichnet. Streng genommen ist aber unter $90°$ Abgleichung zu verstehen, daß bei $\varphi = 0°$ $\psi = 90°$ ist.

desgleichen addieren sich die beiden Momente, die durch Zusammenwirken von J_2 mit Φ_1 und Φ_3 zustande kommen. Dies läßt sich auch durch eine ähnliche Überlegung, wie die für zwei Flüsse angestellte, beweisen. Die analoge Betrachtung läßt sich auch für mehr als drei Flüsse anwenden.

Es sei noch bemerkt, daß die Momente, die durch Zusammenwirken der durch den Stromtriebfluß induzierten Ströme mit dem Spannungstriebfluß und umgekehrt zustande kommen, einander gleich sein dürften. Dies wurde bis jetzt nur für einen Spezialfall von Rogowski[1] nachgewiesen. Trifft dies zu, so ist das Drehmoment eines Induktionszählers bei induktionsfreier Belastung zeitlich konstant. Es sind nämlich in diesem Fall, also bei $\varphi = 0$ und $\psi = 90°$ die miteinander in Wechselwirkung tretenden Ströme und Flüsse in Phase. Die Gleichungen der Strömungen lauten:

$$J_{1,t} = \overline{J}_1 \sin \omega t \quad \text{und} \quad J_{2,t} = \overline{J}_2 \cos \omega t .$$

Die Gleichungen der Flüsse lauten entsprechend:

$$\Phi_{1,t} = \overline{\Phi}_1 \cos \omega t \quad \text{und} \quad \Phi_{2,t} = \overline{\Phi}_2 \sin \omega t .$$

Die Drehmomente haben also den Verlauf

$$D_{1,t} = C_1 J_{1,t} \Phi_{2,t} = \overline{D}_1 \sin^2 \omega t$$
$$D_{2,t} = C_2 J_{2,t} \Phi_{1,t} = \overline{D}_2 \cos^2 \omega t .$$

Ist $D_1 = D_2 = D$ also $\overline{D}_1 = \overline{D}_2 = \overline{D}$, so folgt daraus, daß $D_t = D_{1,t} + D_{2,t} = D\ (\sin^2 \omega t + \cos^2 \omega t) = D$.

Bei der obigen Betrachtung über den Wattstundenzähler wurde die Streuinduktivität der Scheibe vernachlässigt. Es läßt sich jedoch beweisen, daß ein solcher Zähler auch bei mit Streuinduktivität behafteter Scheibe bei entsprechender Einstellung richtig zeigt[2]. Einer besonderen Untersuchung bedarf noch der Einfluß der Streuinduktivität auf die Frequenzabhängigkeit des Zählers.

Ein einziger homogener Fluß, dessen Flußspur in bezug auf den durch ihren Mittelpunkt gehenden Scheibenradius symmetrisch ist, kann kein Drehmoment verursachen. Ist dagegen der Fluß nicht homogen oder die Lage der Scheibenspur unsymmetrisch in bezug auf den erwähnten Scheibenradius, so können Drehmomente zustande kommen. Die Voraussetzung ist jedoch, daß die Scheibe Streuinduktivität hat. Ist dies nicht der Fall, so sind die induzierten Ströme genau um $90°$ gegen den Fluß verschoben und können also auch bei unsymmetrischem Verlauf keine Drehmomente zur Folge haben. Betrachtungen über diese Drehmomente, die sich bei einem Zähler als Leertriebe äußern,

---

[1]) W. Rogowski, „Über die Vorgänge in der Scheibe eines Wechselstrommotorzählers". E. u. M. Wien **29**. 915. 1911.

[2]) Siehe hierzu Möllinger l. c. (Fußnote 1, S. 1), S. 78.

wurden von Weissbach[1]) angestellt, jedoch sind diese insofern nicht exakt, als gerade in der zitierten Arbeit die Streuinduktivität der Scheibe vernachlässigt ist und unter dieser Annahme die Leertriebe nicht auftreten können.

Bei praktischen Zählern sind die einzelnen Teile eines und desselben Flusses nicht ganz phasengleich. Solche Flüsse können also gewissermaßen als zwei oder mehrere nebeneinander verlaufende Flüsse verschiedener Phase betrachtet werden. Diese Phasenverschiebungen haben offenbar Drehmomente zur Folge. Die bei den Zählern auftretenden Leertriebe sind meist auf diese Erscheinung zurückzuführen.

Außer dem Nutzdrehmomente des Zählers und den Leertrieben haben die Scheibenströme noch gegenseitige Triebe bei mehreren auf eine Scheibe wirkenden Triebsystemen zur Folge. Dieser Fall tritt bei Induktionszählern für Drehstrom ein.

In allen oben betrachteten Fällen ist nur der in Wechselwirkung mit einem Fluß tretende Teil der Scheibe von Bedeutung. Die gesamte Strömung, die von dem Fluß induziert wird, interessiert nur für die Berechnung des Effektverlustes in der Scheibe, und zwar ist praktisch nur der Effektverlust, der von dem Spannungseisen gedeckt werden muß, von Bedeutung.

Die Scheibe verhält sich dabei wie die sekundäre Wicklung eines Transformators, dessen Primärwicklung die den Fluß erzeugende Wicklung ist.

Dem Scheibenstrom entspricht in der magnetisierenden Wicklung ein Strom, der sich als Quotient: Scheibenamperewindungen dividiert durch Windungszahl der Spulen berechnet, wobei die Scheibenamperewindungszahl sich als Summe der Amperewindungszahl der Strömung außerhalb und innerhalb der Polspur ergibt. Die erste Amperewindungszahl ist numerisch gleich der Stromstärke, die zweite muß unter Berücksichtigung des von der Strömung jeweils umfaßten Teiles des Flusses ermittelt werden (Näheres hierüber s. S. 115).

2. Berechnung des Verlaufes der Triebströme und des Drehmomentes.

Der Verlauf der Triebströme wurde wohl zuerst rechnerisch von Chr. Baeumler in einer im Jahre 1910 abgeschlossenen, bis jetzt jedoch nicht gedruckten Arbeit[2]) behandelt. Allgemein bekannt wurde die Lösung dieser Aufgabe durch die Arbeit von Rogowski[3]), der im wesentlichen die gleiche Methode wie Baeumler anwendet.

---

[1]) W. Weissbach, „Die Raumgestalt der Triebströme in der Scheibe eines Ferraris-Zählers". Dissertation, Techn. Hochschule Darmstadt, S. 46.

[2]) Chr. Baeumler, „Über die Gestalten der Ströme in der Scheibe des Ferraris-Zählers".

[3]) l. c. (Fußnote 1, S. 11).

In beiden Arbeiten wird von der Analogie im Verlauf von magnetischen Kraftlinien, die von stromdurchflossenen Leitern erzeugt werden und den durch magnetische Flüsse induzierten Strömungen Gebrauch gemacht.

Der Berechnung liegen folgende vereinfachte Voraussetzungen zugrunde: der induktive Widerstand der Scheibe wird gleich Null gesetzt, ferner wird angenommen, daß die einzelnen Ströme sich gegenseitig nicht beeinflussen.

Im folgenden soll kurz das Prinzip der Berechnung des Verlaufes der Triebströme angegeben werden, wobei eine ähnliche Darstellungsweise wie die von Möllinger[1]) angewandte, gewählt worden ist.

Abb. 5 zeigt einen Teil einer unendlich großen isotropen, vom homogenen kreisförmig begrenzten Fluß Φ, Radius r_0, senkrecht zu ihrer Ebene durchsetzten, planparallelen Platte von der Dicke ϑ und der Leitfähigkeit $\varkappa$[2]). Die in der Scheibe induzierten Ströme schlagen die Wege des kleinsten Widerstandes ein. Im vorliegenden Fall sind diese Bahnen offenbar, wie bereits oben gesagt, konzentrische Kreise mit dem Mittelpunkt 0 der Flußspur. Dies folgt schon aus Symmetriegründen. Es sei noch hervorgehoben, daß der Verlauf der Ströme in allen Ebenen, die zu den Begrenzungsebenen der Platte parallel sind, der gleiche ist. Wir greifen eine beliebige Kreisbahn, die

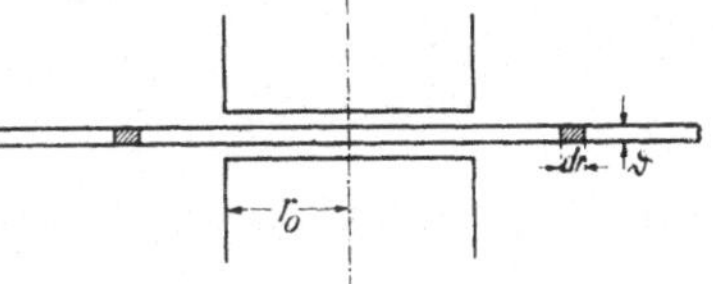

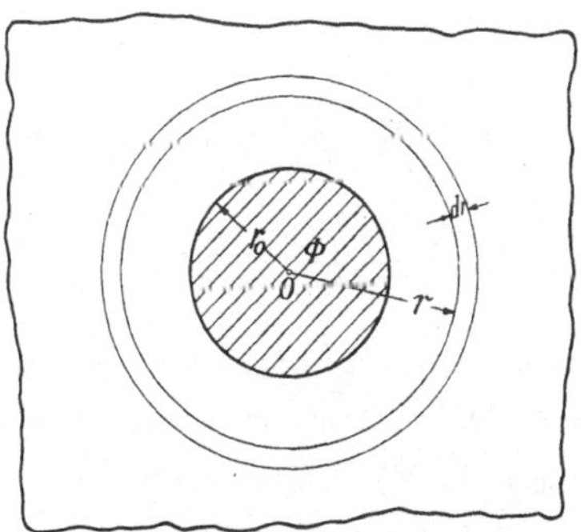

Abb. 5. Kreisförmiger Wechselfluß, der auf eine unendliche Platte wirkt.

einen Teil des Flusses vom Radius r_Φ umschließt, heraus. Die in ihr induzierte EMK hat, sinusförmigen Verlauf des Flusses vorausgesetzt, den Wert[3])

$$E_r = 4{,}443\,\overline{\mathfrak{B}}\,\pi\,r_\Phi^2\,f\cdot 10^{-8} = C_E\,r_\Phi^2\,\text{Volt}$$

wobei

$$C_E = 4{,}443\,\overline{\mathfrak{B}}\,\pi\,f\cdot 10^{-8}$$

ist. Der Widerstand einer ringförmigen Strombahn (Hohlzylinders) mit den Radien r und $r + dr$ beträgt bei einer Höhe ϑ (Scheibendicke)

$$R_r = \frac{2\,\pi\,r}{\varkappa\,\vartheta\,dr\cdot 10^4} = C_R\,\frac{r}{dr}\;\text{Ohm}$$

$$C_R = \frac{2\,\pi}{\varkappa\,\vartheta\cdot 10^4}.$$

<hr>

[1]) l. c. (Fußnote 1, S. 1), S. 108.
[2]) Alle Maße in cm, $\varkappa$ in m/Ω mm^2.
[3]) S. Fußnote 1, S. 8.

Umschließt diese Strombahn einen Fluß, dessen Spur den Radius r_Φ hat, so ist also der Strom in ihr

$$dJ = \frac{E_r}{R_r} = \frac{C_E\, r_\Phi^2}{C_R\, r}\, dr = C_J\, \frac{r_\Phi^2}{r} \cdot dr \;\text{Ampere}$$

$$C_J = \frac{C_E}{C_R} = 2{,}2215\, \overline{\mathfrak{B}}\, f\, \varkappa\, \vartheta \cdot 10^{-4} \; . \tag{5}$$

Die Stromdichte an der betrachteten Stelle ergibt sich zu

$$j_r = \frac{dJ}{\vartheta\, dr} = \frac{C_J\, r_\Phi^2}{\vartheta\, r} = C_j\, \frac{r_\Phi^2}{r}\, \text{Amp/cm}^2$$

$$C_j = \frac{C_J}{\vartheta} = 2{,}2215\, \overline{\mathfrak{B}}\, f\, \varkappa \cdot 10^{-4} \; .$$

Für alle Ringe innerhalb der Flußspur also $r \lessgtr r_0$ ist $r = r_\Phi$, also

$$dJ = C_J\, r\, dr \quad\text{und}\quad j_r = C_j\, r \; .$$

Die Stromdichte ist r proportional und hat den maximalen Wert bei $r = r_0$.

Für Ringe außerhalb der Flußspur, also $r \gtrless r_0$ ist $r_\Phi = r_0 = \text{kon}$-stant, also

$$dJ = C_J\, \frac{r_0^2}{r}\, dr \quad\text{und}\quad j_r = C_j\, \frac{r_0^2}{r} \; .$$

Die Stromdichte ist r umgekehrt proportional.

Der Strom in einem Kreisring mit den Radien r_1 und r_2, wobei $r_2 > r_1$ ist, ergibt sich zu

$$\cdot J_{1,2} = \int_{r=r_1}^{r=r_2} C_J\, \frac{r_\Phi^2}{r}\, dr$$

also für $r \lessgtr r_0$

$$J_{1,2} = C_J \int_{r=r_1}^{r=r_2} r\, dr = \frac{C_J}{2}\, (r_2^2 - r_1^2) \tag{6}$$

und für $r \gtrless r_0$

$$J_{1,2} = C_J\, r_0^2 \int_{r=r_1}^{r=r_2} \frac{1}{r}\, dr = C_J\, r_0^2 \ln\frac{r_2}{r_1} \; . \tag{7}$$

Da wir angenommen haben, daß die einzelnen Ströme in der Scheibe völlig unabhängig voneinander verlaufen, so kann man beliebige Kreisringe entfernen, ohne daß sich an der übrigen Scheibenströmung etwas ändert. Entfernt man also die Ringe, deren Radien größer als r_s sind, so erhält man die Strömung in einer kreisrunden Scheibe vom Radius

r_s, die vom Fluß zentrisch durchsetzt wird. Für diesen Fall läßt sich also nach den obigen Formeln die Stromdichte an jeder Stelle und die Stromstärke zwischen zwei beliebigen konzentrischen Kreisen ermitteln.

Zur Bestimmung der in einer kreisrunden Scheibe durch einen exzentrisch dieselbe durchsetzenden Fluß induzierten Strömung führt der folgende Weg. Es sei wiederum eine unbegrenzte Scheibe gegeben. Durch sie trete außer dem einen Fluß Φ noch ein zweiter Fluß Φ', der sonst genau so beschaffen ist wie Φ, nur eine entgegengesetzte Richtung hat. Dieser kann also als die Rückleitung des Flusses Φ aufgefaßt werden. Der Abstand der Mittelpunkte der beiden Flußspuren sei $2\,a$. Jeder Fluß für sich würde die gleiche Strömung, wie oben berechnet, erzeugen. Die resultierende Strömung in der Platte ergibt sich durch Übereinanderlagerung der beiden Strömungen, was nach dem von Ebert[1] für magnetische Flüsse angegebenen Verfahren ausgeführt werden kann. Die resultierenden Stromlinien sind exzentrische Kreise. Die so erhaltenen Strombahnen haben wiederum die Eigenschaft, daß sie den kleinstmöglichen Widerstand aufweisen. Längs jeder dieser Strombahnen kann man die Scheibe aufschneiden, ohne an der Strömung etwas zu ändern. Man kann also einen Schnitt längs dem Kreise, dessen Radius gleich dem Radius r_s der Scheibe ist, für die der Strom ermittelt werden soll, ausführen. Ist dieser Schnitt ausgeführt, so wird an der Strömung auch dann nichts geändert, wenn der ganze übrige Teil der Platte und der Fluß Φ' entfernt werden. Auf diese Weise erhält man die gesuchte Scheibenströmung, wobei der Abstand e des Mittelpunktes der Flußspur von dem Mittelpunkt der Scheibe im bestimmten Verhältnis zu dem oben erwähnten Abstand $2\,a$ der Flüsse Φ und Φ' steht, und zwar lautet diese Beziehung

$$2\,a = \frac{r_s^2 - e^2}{e} \quad {}^2).\tag{8}$$

Ist also e und r_s gegeben, so muß zur Konstruktion der Strömung a nach der obigen Gleichung gewählt werden[3]. Auf diese Weise läßt sich die Scheibenströmung für einen kreisförmig begrenzten, homogenen Fluß, der an einer beliebigen Stelle die Scheibe durchdringt, konstruieren — dies wird weiter an einem Beispiel näher gezeigt —, die Stromdichten und deren Richtung können für jede beliebige Stelle auch rechnerisch bestimmt werden.

Die Strömung, die durch die gleichzeitige Einwirkung zweier oder mehrerer Pole in der Scheibe hervorgerufen wird, ergibt sich als die

<hr>

[1]) H. Ebert, „Magnetische Kraftfelder", 2. Aufl., Leipzig 1905, S. 165.

[2]) Beweis siehe z. B. Möllinger l. c.

[3]) Den Mittelpunkt von Φ' findet man auf graphischem Wege nach dem in Fußnote 1, S. 19 angegebenen Verfahren.

Resultante aus den für jeden Pol unabhängig ermittelten Strömungen. Für Flüsse, die eine beliebige Phasenverschiebung gegeneinander haben,

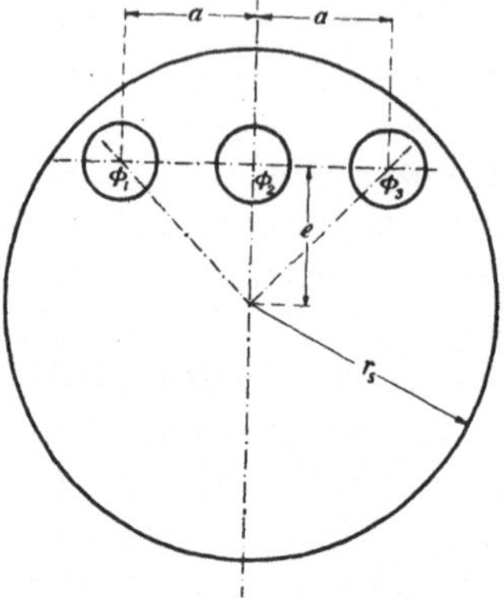

Abb. 6. Bedeutung der Größen in Gleichung (9) ($\Phi_3 = -\Phi_1$).

ändert sich dabei, wie leicht ersichtlich, die Strömung von Moment zu Moment. Aus diesem Grunde erscheint es in diesen Fällen zweckmäßiger zu sein, die Strömungen getrennt zu behandeln. Sind dagegen die beiden Flüsse um 0° oder 180° gegeneinander verschoben, so ändert sich die Strömung zeitlich nur ihrer Größe nach, das Bild bleibt jedoch stets dasselbe, so daß das Einzeichnen der Strömung und Angabe der Größe derselben, ihrem Effektivwert nach, stets möglich ist. Ist die Strömung ermittelt, so läßt sich auch das Drehmoment, welches durch Zusammenwirken dieser Strömung mit einem zweiten Fluß zustande kommt, berechnen. Ferner läßt sich der Wattverbrauch der Scheibe und die Rückwirkung der Strömung auf den Fluß ermitteln.

Rogowski hat[1]) für den Fall dreier homogenen Flüsse mit kreisförmig begrenzten Polspuren, die nach Abb. 6 die Scheibe durchsetzen, wobei $\Phi_3 = -\Phi_1$ ist, und die Phasenverschiebung zwischen Φ_1 und Φ_2 gleich ψ ist, die folgende Beziehung für das Drehmoment abgeleitet[2]).

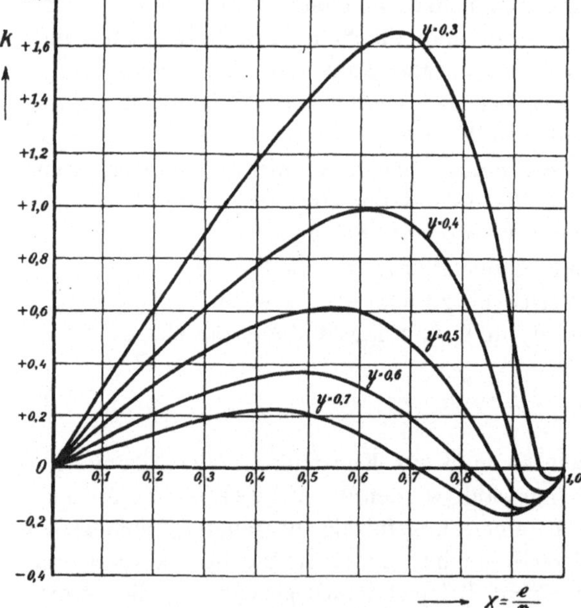

Abb. 7. Konstante k der Gleichung (9).

$$D = 2\,\vartheta\,\varkappa\,f\,\overline{\Phi}_1\,\overline{\Phi}_2\,k\,\sin\psi \cdot 10^{-5}\ \text{Dyn.cm,} \qquad (9)$$

wobei

---

[1]) l. c. (Fußnote 1, S. 11).

[2]) Hier, sowie an einigen anderen Stellen werden der Einheitlichkeit halber zum Teil andere Bezeichnungen als in den Originalarbeiten benutzt, teilweise ergibt sich auch ein anderer Aufbau der Formel.

$$k = \frac{x}{y}\left[1 - \frac{y^2}{(1 - x^2)^2 + x^2 y^2}\right]$$

$$x = \frac{e}{r_s}; \quad y = \frac{a}{r_s}, \text{ alle Maße in cm (s. Abb. 6)}.$$

Aus den Kurven Abb. 7 läßt sich die Konstante k für verschiedene Werte von x und y entnehmen.

Die oben angeführte Methode der Ermittlung der Scheibenströme läßt sich nicht ohne weiteres in die Praxis übertragen, da bei ausgeführten Zählern die Pole fast ausschließlich eine rechteckige Form haben, ferner ist das Feld infolge von Streuung und ungleicher Länge des Luftspaltes an verschiedenen Stellen nicht homogen. Der durch diesen Umstand bedingte Unterschied ist jedoch unwesentlich, dagegen bedingt die rechteckige Form der Pole natürlich einen wesentlich anderen Verlauf der Strömung, als dieser bei runden Polen zustande kommt. Eine exakte Berechnung der Ströme ist kaum möglich. Annähernd kommt man zum Ziel, wenn man sich die Polspuren in eine Anzahl Kreise zerlegt denkt und für jeden solchen Pol den Verlauf der Strömung ermittelt und dann die resultierende Strömung bestimmt. Diese Methode wendet Weissbach[1]) an, der auf diese Weise die Strömung, die von rechteckigen Polen erzeugt wird, in zwei Komponenten zerlegt darstollt. Dieses Verfahren ist aber sehr zeitraubend und wird sich wohl in den wenigsten Fällen lohnen. Dagegen dürfte es manchmal zweckmäßig sein, die Strombahnen nach Gefühl einzuzeichnen, um sich ein Bild über die Größenordnung des Drehmomentes zu machen. Diese Methode wendet Schmiedel[2]) mit Erfolg an. Die Übereinstimmung zwischen den auf diese Weise berechneten mit den gemessenen Werten ist eine recht gute.

Die den oben angeführten Berechnungen zugrunde liegende Annahme einer Scheibe ohne Streuinduktivität hat in bezug auf die Größe des Stromes keinen nennenswerten Fehler zur Folge, dagegen dürfte dieses bei der Bestimmung der Winkellage der Ströme nicht immer zutreffen. Die meisten Autoren nehmen an, daß die Induktivität sehr klein ist. Eine Ausnahme bildet die Ansicht von Kempe[3]), der den Ohmschen Widerstand gegenüber dem induktiven als vernachlässigend klein bezeichnet. Die Verhältnisse bei dem Versuchsapparat von Kempe lassen sich allerdings nicht ohne weiteres auf den Zähler übertragen, auch für diesen Apparat scheint die Annahme von Kempe kaum zutreffend zu sein, da er andererseits für die Bremsströme beim

---

[1]) l. c. (Fußnote 1, S. 12).

[2]) l. c. (Fußnote 2, S. 1), S. 73 und 96.

[3]) F. Kempe, „Über wechselstromerregte Wirbelstrombremsen". Dissertation Techn. Hochschule Hannover. S. 65.

gleichen Apparat gerade die umgekehrte Annahme, daß für diese die Induktivität zu vernachlässigen ist, macht. Darin besteht ein gewisser Widerspruch, der noch einer Aufklärung bedarf.

3. Experimentelle Arbeiten über die Triebströme.

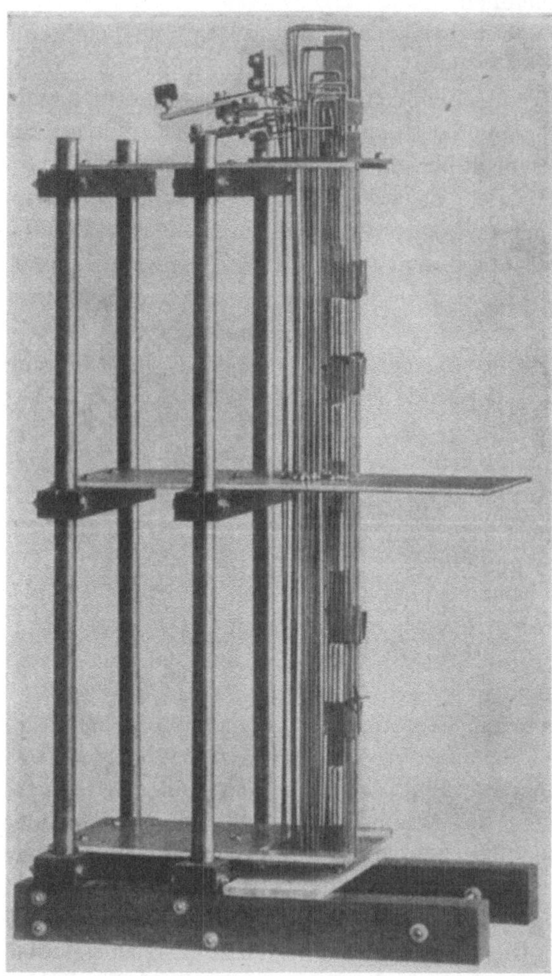

Abb. 8. Apparat von Baeumler zur Aufnahme des Verlaufes der Scheibenströmung.

Über die experimentelle Untersuchung der Triebströme ist bis jetzt nichts veröffentlicht worden. Im folgenden soll kurz über die von Baeumler[1]) im Zählerlaboratorium der SSW ausgeführten sehr lehrreichen Versuche berichtet werden.

Baeumler macht von der schon oben erwähnten Analogie zwischen dem Verlauf der Scheibenströmung und dem der magnetischen Kraftlinien Gebrauch. Er ersetzt den magnetischen Fluß durch einen elektrischen Strom und nimmt unter Benutzung eines besonderen Apparates das Kraftlinienbild auf. Der Apparat (Abb. 8) besteht im wesentlichen aus einem Gestell aus vier Messingrohren von 70 cm Länge und 2 cm äußerem Durchmesser und 1 mm Wandstärke, die in den Ecken eines Rechteckes von 13 × 18 cm Seitenlänge aufgestellt sind und

---

[1]) l. c. (Fußnote 2, S. 12).

durch Querhölzer zusammengehalten werden. Auf den Querhölzern
ruhen drei Zinkplatten, von denen die mittlere größer als die beiden
anderen und mit Bohrungen versehen ist, deren Anordnung, für eine
Hälfte der Platte, aus Abb. 9 ersichtlich ist (Maße in mm). Der Anordnung liegt die eingezeichnete Scheibe mit drei Polspuren zugrunde.
Innerhalb der Polspuren sind die Bohrungen auf Quadrate von 4 mm
Seitenlänge verteilt; ihnen sind die Bohrungen außerhalb der Scheibe
so zugeordnet, daß die Entfernung der Mittelpunkte der zusammengehörenden der Gleichung

$$2\,a = \frac{r_s^2 - e^2}{e} \qquad \text{(s. S. 15)}$$

genügen[1]). Durch diese Bohrungen in den Zinkplatten sind U-förmige
blanke Kupferdrähte ($d = 2$ mm) gezogen, so daß die zusammen-

gehörenden Drähte, die eine Spule
bilden, stets vom gleichen Strom
durchflossen werden. Die Leiter
sind von der Zinkplatte durch
Papierröhrchen isoliert. Oben und
unten erhalten die Leiter Führung
durch an die Zinkplatten ange-
schraubte und mit entsprechenden
Bohrungen versehene Fiberplatten.
Die einzelnen Spulen können unter
sich nach Belieben verbunden werden. Das Kraftbild wird auf einem

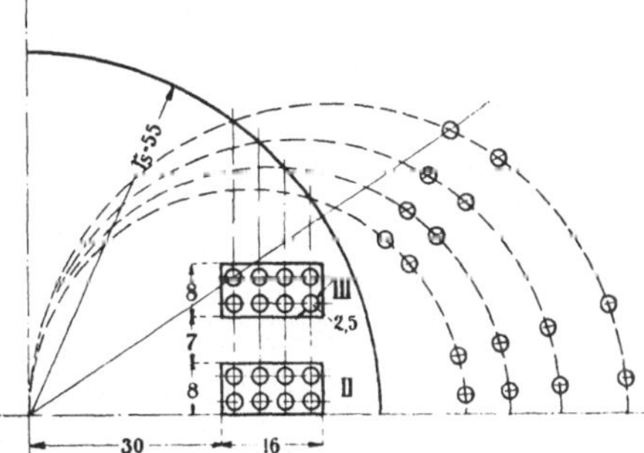

Abb. 9. Anordnung der Stromleiter im Apparat
von Baeumler.

Kartenblatt auf der mittleren Platte erzeugt. Die Bilder wurden nach
Herstellung photographiert.

Auf den folgenden Textblättern I und II sind einige dieser Bilder
wiedergegeben[2]). Das Kraftlinienbild 1 ergibt sich, wenn nur die zur
mittleren Polspur (II) gehörenden Spulen vom Strom durchflossen sind,
wobei dieselben so in Serie geschaltet sind, daß innerhalb der Polspur
alle Ströme die gleiche Richtung haben. Dieses Kraftlinienbild zeigt die
Gestalt der Triebströme, wenn nur der mittlere Fluß Φ_{II} vorhanden ist.

---

[1]) Abb. 9 zeigt auch das graphische Verfahren zur Ermittelung der den
Punkten innerhalb der Scheibe zugeordneten Punkte außerhalb der Scheibe.
Man zieht durch den fraglichen Punkt der Scheibe den Fahrstrahl und eine
beliebige Sehne und errichtet auf derselben die Mittelsenkrechte, legt einen
Kreis mit dem Mittelpunkt auf der erwähnten Mittelsenkrechten, der durch den
Scheibenmittelpunkt und die Endpunkte der Sehne geht. Der Schnittpunkt
dieses Kreises mit dem erwähnten Fahrstrahl ist der gesuchte Punkt. Es ist
also zu ersehen, daß der geometrische Ort aller Punkte, die den auf einer und
derselben Sehne liegenden Punkten innerhalb der Scheibe zugeordnet sind, auf
einem Kreis liegen.

[2]) Von Bild 7, welches den Verlauf der Bremsströme darstellt, ist an einer
anderen Stelle die Rede.

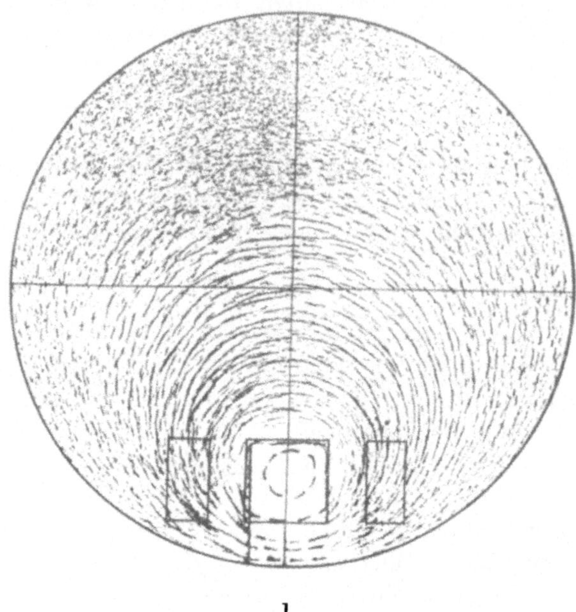

1

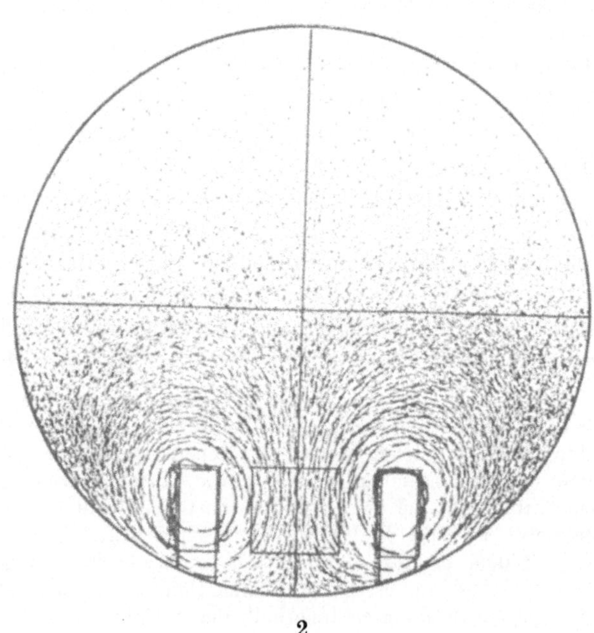

2

Textblatt I. Strömungsbilder

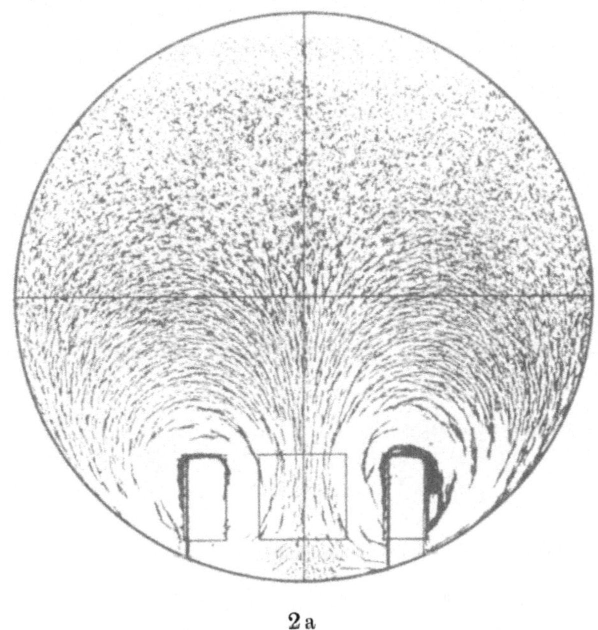

2a

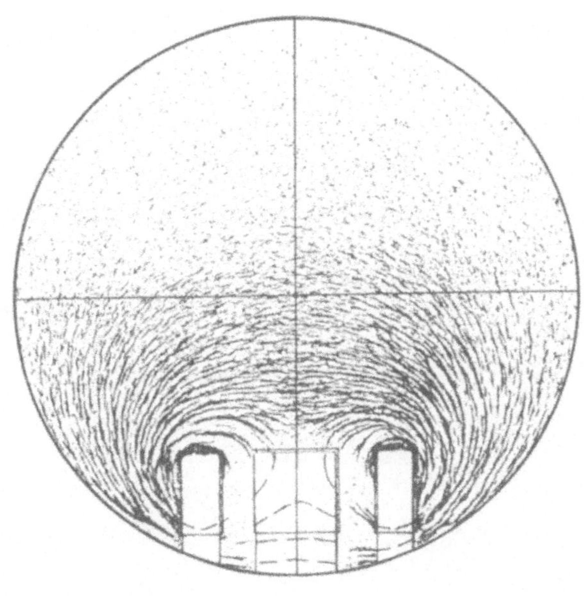

3

von Baeumler.

Triebströme.

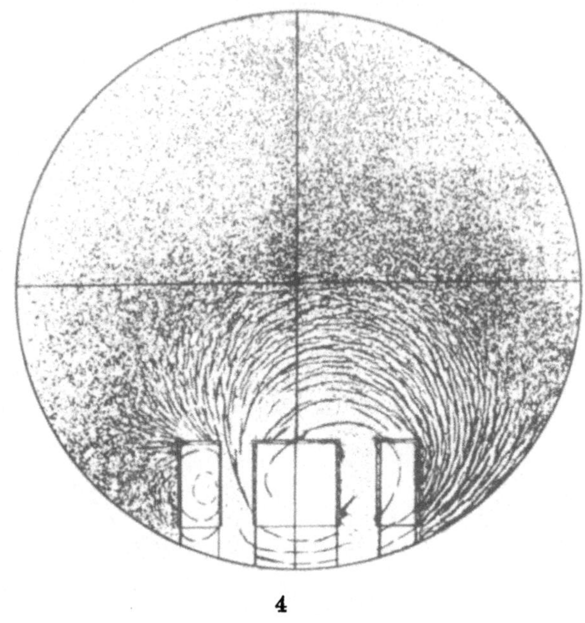

4

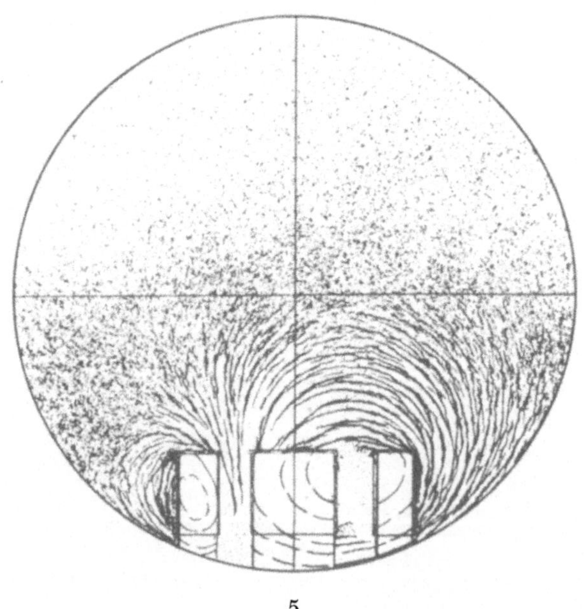

5

Textblatt II. Strömungsbilder

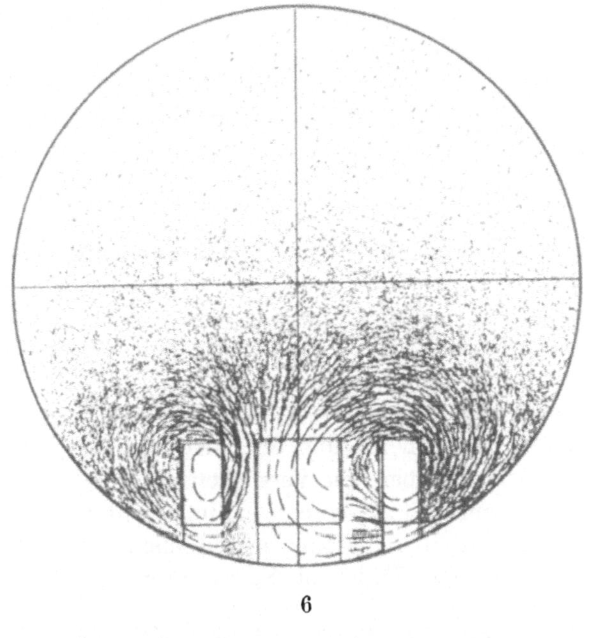

6

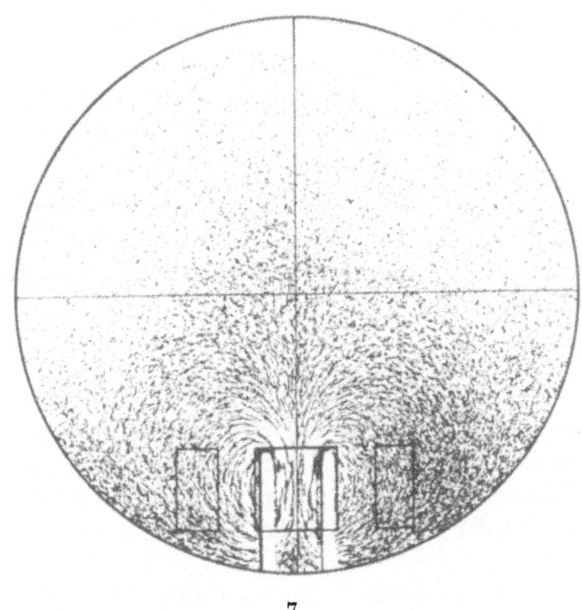

7

von B a e u m l e r (Fortsetzung).

Werden die Spulen der seitlichen Polspuren (I und III), bei ausgeschalteten Spulen der mittleren Polspur, so verbunden, daß in den Leitern einer Polspur alle Ströme die gleiche, in beiden Polspuren aber verschiedene Richtungen haben, so ergibt sich das Kraftlinienbild 2. Dieses zeigt den Verlauf der Triebströme, die durch die äußeren Flüsse Φ_I und Φ_{III} induziert werden, wobei $\Phi_{III} = - \Phi_I$ ist. Abb. 2a zeigt deutlicher den Verlauf der gleichen Strömung in größerer Entfernung von den Polspuren.

Bei gleicher Richtung der Ströme der beiden seitlichen Polspuren ergibt sich das Kraftlinienbild 3. Dieses entspricht dem Verlauf der Strömung, wenn die beiden äußeren Flüsse gleiche Richtung haben. Dieser Fall ist praktisch, weniger wichtig, da eine solche Strömung motorisch unwirksam ist.

Bilder 4 bis 6 zeigen den Verlauf der Kraftlinien, wenn gleichzeitig die Spulen der beiden äußeren und der mittleren Polspur erregt sind, wobei die Stromstärken bei den Versuchen so gewählt worden sind, daß unter der Annahme einer Amperewindungszahl 100 für die Spulen der mittleren Polspur, dieselbe für die seitlichen der Reihe nach 25, 50 und 200 ist. Bei einem Zähler mit Spannungstriebfluß $\Phi_{II} = C \sin \alpha$ und den Stromtriebflüssen $\Phi_I = \dfrac{C}{3} \sin (\alpha + 90°)$ bzw. $\Phi_{III} = \dfrac{C}{3} \sin (\alpha - 90°)$ (also induktionsfreier Belastung) würde sich die Scheibenströmung, wie dieselbe die Bilder 1, 2 und 4 bis 6 zeigen, bei folgenden Werten von α einstellen:

α	0°	37°	56°	81°	90°	99°	124°	143°	180°
Bild	1	4	5	6	2	6*	5*	4*	1

wobei die für $\alpha = 90 \div 180°$ mit Stern bezeichneten Bilder als Spiegelbilder der entsprechend ohne Stern bezeichneten zu denken sind. Für $\alpha = 180 \div 360°$ stellen die Bilder die Strömung für $\alpha = 180° + 37°$ usw. dar, wobei die Stromrichtung natürlich entgegengesetzt ist wie bei der ersten Halbperiode.

4. Versuche des Verfassers. [1])

Es erschien wünschenswert, auf experimentellem Wege die Richtigkeit der unter 2. angeführten Berechnungsverfahren für die Bestimmung der Stärke der Triebströmung zu prüfen und den Einfluß der Streuinduktivität der Scheibe auf die Größe und Phase der Strömung zu bestimmen.

Zu diesem Zweck wurde rechnerisch bzw. graphisch der Verlauf der Strömung für folgende Verhältnisse ermittelt: Scheibendurchmesser

---

[1]) Einzelheiten siehe unter IV. 1.

$2\,r_s = 13{,}0$ cm, $\varkappa\vartheta = 3{,}5$ (entsprechend $\vartheta \approx 0{,}1$ cm bei Aluminium oder $\vartheta \approx 0{,}06$ cm bei Kupfer), Fluß $\overline{\Phi} = 5000$, Flußspur kreisförmig $r_0 = 1$ cm, Entfernung des Mittelpunktes vom Mittelpunkt der Scheibe $e = 4{,}0$ cm, Frequenz $f \doteq 50$ (also $\overline{\Phi}f = 250\,000$).

Die Stromlinien wurden so gelegt, daß zwei aufeinanderfolgende Kreise eine Strömung von $5\,A$ einschließen. Aus dem gewonnenen Strömungsbild berechnet sich die Amperewindungszahl der Scheibe zu 100,9. (s. hierzu S. 114.) Das Strömungsbild ist in Abb. 10 wieder

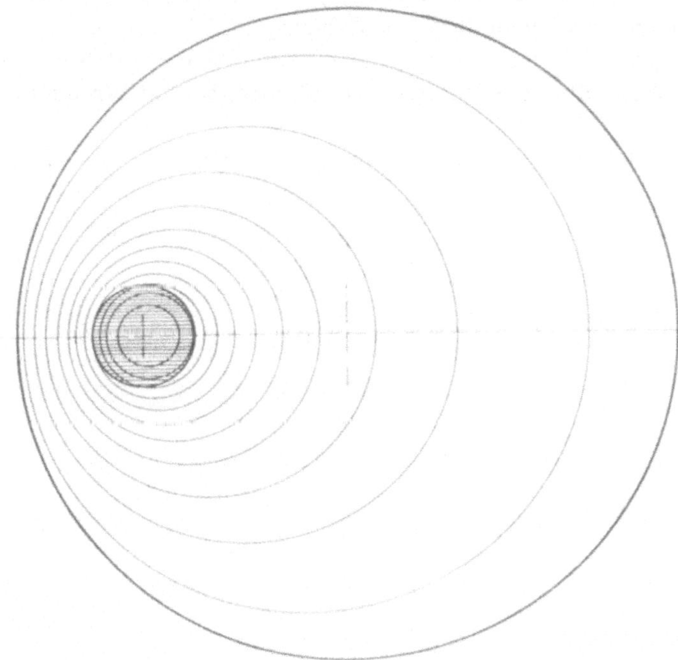

Abb. 10. 10 Ampere-Stromröhren $(r_s = 6{,}5;\ \varkappa\vartheta = 3{,}5;\ r_0 = 1{,}0;\ e = 4{,}0;\ \overline{\Phi} = 5000;\ f = 50)$.

gegeben, wobei der Übersichtlichkeit halber jede zweite Strömungslinie fortgelassen worden ist, so daß zwischen zwei benachbarten Kreisen 10 Ampere fließen.

Man hat ferner für eine Scheibe vom gleichen Durchmesser und von etwa dem gleichen Werte von $\varkappa\vartheta$ bei gleicher Flußanordnung die Gesamtamperewindungszahl der Scheibe bei verschiedenen Flüssen und verschiedenen Frequenzen experimentell bestimmt. Zu diesem Zweck wurde bei einem mit runden Polen versehenen Elektromagneten der bei konstantem Fluß aufgenommene Strom einmal ohne Scheibe und das andere Mal mit Scheibe bestimmt. Die Differenz der Vektoren der beiden Ströme ergibt den Scheibenstrom, bezogen auf die magnetisierende Wicklung, seiner Größe und Lage nach.

Die Messungen ergeben umgerechnet auf $\overline{\Phi} f = 250\,000$ und $\varkappa\,\vartheta = 3{,}5$ sowie auf die induktionsfreie Scheibe als Mittel 101,1 Amperewindungen. Die Übereinstimmung der gemessenen Werte mit den berechneten ist als eine sehr gute zu bezeichnen.

Ferner ergibt sich das Verhältnis Streuinduktivität der Scheibe : Ohmschen Widerstand zu $L : R = 0{,}00016$. Diesem Wert entspricht bei $f = 50$ eine („mittlere") Phasenverschiebung der Strömung gegen die EMK von etwa $3°$. Man sieht also, daß die Induktivität der Scheibe nicht bei allen Betrachtungen vernachlässigt werden darf, um so mehr, als bei praktischen Zählern, infolge benachbarter Eisenmassen größere Verschiebungen zu erwarten sind, so daß eine weitere Untersuchung über das Verhalten des Zählers bei mit Streuinduktivität behafteter Scheibe sich lohnen würde.

III. Bremsströme.

1. Wesen der Erscheinungen.

Abb. 11 zeigt den Teil einer großen leitenden, ebenen Platte, die von einem zeitlich konstanten homogenen [1]) Fluß Φ senkrecht zu ihrer Ebene durchsetzt wird, der z. B. von einem mit Gleichstrom erregten Elektromagneten oder einem permanenten Magneten erzeugt wird. Die Ränder der Platte sind von der rechteckigen Flußspur so weit entfernt, daß ihre Wirkung ohne Einfluß auf den Verlauf der induzierten Ströme ist. Die Platte sei in der durch den Pfeil angedeuteten, zu einer der Begrenzungslinien der Flußspur parallelen Richtung mit konstanter Geschwindigkeit v bewegt. Es werden dann im Bereiche des Flusses EMKe E induziert, deren Richtungen an jeder Stelle senkrecht zu der Bewegungsrichtung verlaufen, im betrachteten Fall also alle die Richtung des eingezeichneten Pfeiles besitzen. Diese EMKe, die v und Φ proportional sind, haben in der Platte Ströme zur Folge (Gleichströme), deren Bahnen die Eigen-

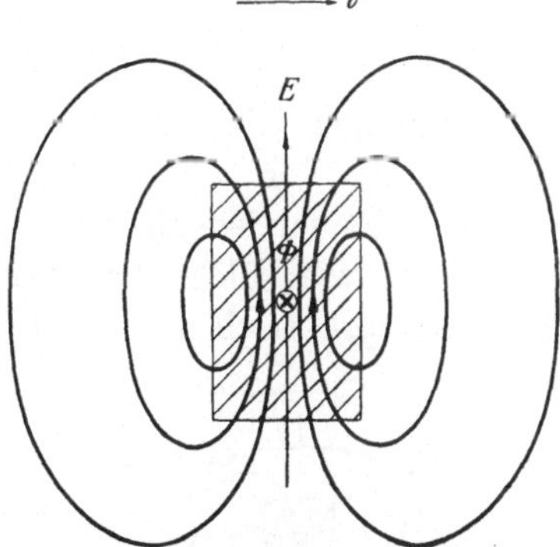

Abb. 11. Bremsströme in einer großen Platte (ungefährer Verlauf).

schaft des kleinsten Widerstandes besitzen. Sie verlaufen, wie leicht einzusehen ist, symmetrisch zur auf die Bewegungsrichtung senkrecht stehenden Mittellinie der Flußspur. Der ungefähre Verlauf einiger charakteristischen Stromfäden und deren Richtung für die angenommenen Richtungen des Flusses und der Bewegung ist in der Abbildung angedeutet.

Die gesamte Strömung J ist von der Gestalt und Ausdehnung der Platte abhängig, ferner ist sie der Dicke ϑ, der Leitfähigkeit $\varkappa$ und den induzierten EMKen also v und Φ proportional.

$$J = c_J \, \vartheta \, \varkappa \, v \, \Phi \, .$$

---

[1]) Es sollen im folgenden wie früher stets homogene Flüsse, deren positive Richtung die Richtung senkrecht in die Papierebene hinein ist (s. S. 6), angenommen werden.

Durch Wechselwirkung dieser Strömung J und des Flusses Φ entsteht eine der Bewegung entgegengesetzt gerichtete, J und Φ proportionale Kraft, die ein Bremsmoment

$$B = c\,\vartheta\,\varkappa\,v\,\Phi^2$$

zur Folge hat. Für bestimmte Werte von ϑ und $\varkappa$ ist also

$$B = C\,v\,\Phi^2\,.$$

Die betrachtete Platte kann als Teil einer kreisrunden Scheibe, etwa einer Zählerscheibe, angesehen werden, die mit der Drehzahl n um eine auf ihrer Ebene senkrecht stehende, durch den Mittelpunkt gehende Achse rotiert. In diesem Fall können die letzten Gleichungen in der Form

$$J = c_J\,\vartheta\,\varkappa\,n\,\Phi \tag{1}$$

$$B = c\,\vartheta\,\varkappa\,n\,\Phi^2 \tag{2}$$

$$B = C\,n\,\Phi^2 \tag{3}$$

geschrieben werden. Die EMKe, die die Strömung zur Folge haben, sind in diesem Falle, wie leicht einzusehen, radial gerichtet.

Die obigen Gleichungen gelten nur annähernd, da die Rückwirkung der Scheibe vernachlässigt ist. Darauf soll noch weiter eingegangen werden. Es sei jedoch hier hervorgehoben, daß bei kleinen Geschwindigkeiten, wie solche bei Zählern in Frage kommen, diese Vernachlässigung praktisch keine Fehler zur Folge hat. Ferner ist in den oben abgeleiteten Ausdrücken J gewissermaßen nur eine ideelle Ersatzströmung, die mit dem Flusse zusammen das gleiche Drehmoment zustande bringt, wie die Summe der Drehmomente, die durch die einzelnen Stromfäden verursacht werden. (Analoge Betrachtung wie die für die Triebströme.)

Der wirkliche Verlauf der Strömungslinien bei einer kreisrunden Scheibe wird durch die Nähe des gekrümmten Randes der Scheibe und den radialen Verlauf der EMKe beeinflußt. Die Strömung gestaltet sich etwa wie in Abb. 12 gezeichnet. Für die folgenden Betrachtungen ist die genaue Kenntnis des

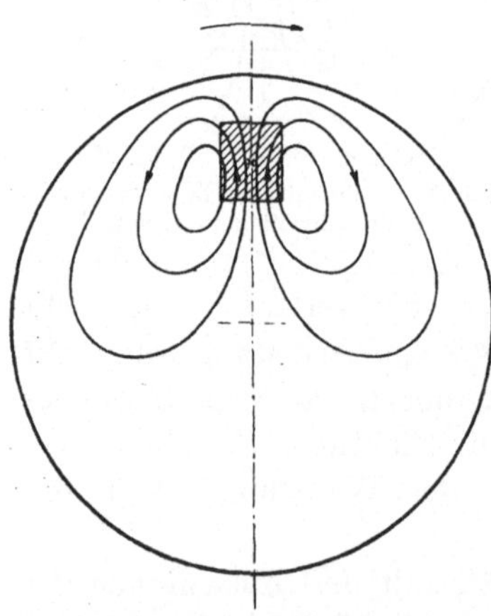

Abb. 12. Bremsströme in einer kreisrunden Platte (ungefährer Verlauf).

Verlaufes der Strömung nicht von Bedeutung. Es möge jedoch an dieser Stelle besonders hervorgehoben werden, daß die einzelnen Stromfäden auch im Bereiche der Flußspuren nicht mit der Richtung der EMKe zusammenfallen. Sie sind stets mehr oder weniger gekrümmt und suchen sich der Kreisform anzuschmiegen. Dieser Verlauf ist durch die oben erwähnte Bedingung des kleinsten Widerstandes der Bahn bedingt [1]).

Lagern sich zwei Flüsse übereinander, so darf die Bremsung nicht als Summe der Bremsmomente, die von beiden Flüssen getrennt hervorgerufen werden, berechnet werden. Dieses scheint nicht immer genügend beachtet zu werden. Sind nämlich die beiden Flüsse Φ_1 und Φ_2, so berechnet sich das Gesamtmoment zu

$$B = C\,n\,(\Phi_1 + \Phi_2)^2 .$$

Dieser Ausdruck ist natürlich nicht identisch mit

$$C\,n\,\Phi_1^2 + C\,n\,\Phi_2^2 .$$

(Bei der Bildung der Summe $\Phi_1 + \Phi_2$ ist darauf zu achten ob die Flüsse das gleiche oder entgegengesetzte Vorzeichen haben.)

Es sei nun angenommen, daß die Scheibe von zwei getrennt verlaufenden Flüssen Φ_1 und Φ_2 durchsetzt wird. Dieser Fall ist in Abb. 13 gezeichnet, wobei die Begrenzung von Φ_2 und die von Φ_2 induzierte Strömung zur Unterscheidung gestrichelt angedeutet sind.

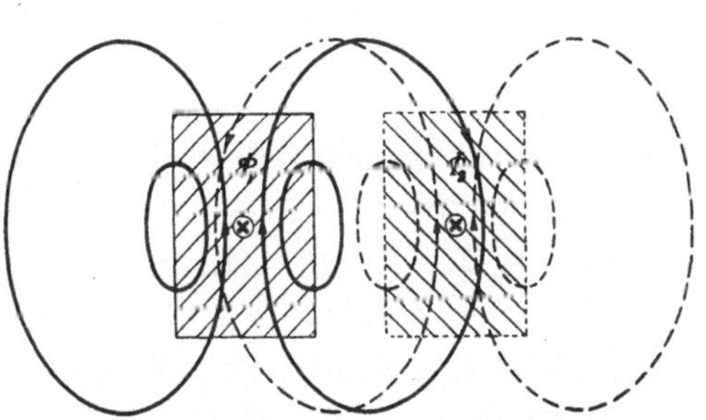

Abb. 13. Bremsströmung bei zwei Flüssen.

Im übrigen seien die Verhältnisse genau so wie früher angenommen. Dann erzeugt jeder Fluß für sich eine Strömung J_1 bzw. J_2, durch die die Bremsmomente

$$B_1 = C_1\,n\,\Phi_1^2 \quad \text{und} \quad B_2 = C_2\,n\,\Phi_2^2$$

verursacht werden.

Ein Teil der Strömung J_1 verläuft im Bereiche des Flusses Φ_2 und umgekehrt. Dies hat offenbar zwei weitere Momente

$$B_{1,2} = C_{1,2}\,n\,\Phi_1\,\Phi_2 \quad \text{und} \quad B_{2,1} = C_{2,1}\,n\,\Phi_2\,\Phi_1$$

zur Folge.

Allgemein ist

$$B_{m,n} = C_{m,n}\,n\,\Phi_m\,\Phi_n .$$

Der erste Index entspricht dem Fluß, der die betrachtete Strömung induziert, der zweite dem Fluß, mit dem die Strömung zusammen ein Drehmoment hervorruft.

----

[1]) Der obige Hinweis erschien notwendig, da man in der Literatur die Bremsströme vorwiegend so gezeichnet findet, als ob ihre Richtung im Bereiche der Polspur mit der Richtung der EMKe zusammenfallen würde. Dies würde nur dann zutreffen, wenn die Bremsscheibe nur in der Richtung der EMKe leitend wäre (s. S. 40).

Haben die beiden Flüsse (in bezug auf die Scheibe) die gleiche Richtung, so verlaufen die Stromfäden von J_1 unter Φ_2 in bezug auf die Richtung der EMKe entgegengesetzt wie unter Φ_1[1]). Durch Wechselwirkung von J_1 und Φ_1 kommt eine Kraft, die der Bewegungsrichtung entgegengesetzt gerichtet ist, zustande, also hat die durch Wechselwirkung von J_1 und Φ_2 verursachte Kraft die Richtung der Bewegung. Das gleiche gilt für das Zusammenwirken von J_2 und Φ_1. Die Momente $B_{1,2}$ und $B_{2,1}$ sind den Momenten B_1 und B_2 entgegengerichtet.

Es ist also das gesamte Moment

$$B = B_1 + B_2 - B_{1,2} - B_{2,1} = [C_1 \Phi_1^2 + C_2 \Phi_2^2 - C_{1,2} \Phi_1 \Phi_2 - C_{2,1} \Phi_2 \Phi_1] \cdot n$$
$$= [C_1 \Phi_1^2 + C_2 \Phi_2^2 - (C_{1,2} + C_{2,1}) \Phi_1 \Phi_2] \cdot n .$$

Haben die Flüsse Φ_1 und Φ_2 verschiedene Richtungen, ist also einer von ihnen in bezug auf die als positiv angenommene Richtung der Flüsse negativ, so ist das Produkt $\Phi_1 \Phi_2$ negativ und das Glied $-(C_{1,2} + C_{2,1}) \Phi_1 \Phi_2$ wird positiv, d. h. durch Zusammenwirken der Ströme des einen Flusses mit dem anderen wird das Bremsmoment vergrößert.

Durch eine analoge Betrachtung ergibt sich das Bremsmoment bei n Flüssen zu

$$B = B_1 + B_2 + \ldots + B_n - B_{1,2} - B_{1,3} - \ldots - B_{1,n} - B_{2,1} - B_{2,3} - \ldots$$
$$- B_{2,n} - \ldots - B_{n,1} - B_{n,2} - \ldots - B_{n,(n-1)} = [C_1 \Phi_1^2 + C_2 \Phi_2^2 + \ldots$$
$$+ C_n \Phi_n^2 - C_{1,2} \Phi_1 \Phi_2 - C_{1,3} \Phi_1 \Phi_3 - \ldots C_{1,n} \Phi_1 \Phi_n - C_{2,1} \Phi_2 \Phi_1$$
$$- C_{2,3} \Phi_2 \Phi_3 \ldots - C_{2,n} \Phi_2 \Phi_n - \ldots - C_{n,1} \Phi_n \Phi_1 - C_{n,2} \Phi_n \Phi_2 - \ldots$$
$$- C_{n,(n-1)} \Phi_n \Phi_{n-1}] \cdot n .$$

Diese Beziehung läßt sich auch im Falle zweier oder mehrerer Flüsse, die eine gemeinsame Spur haben, anwenden. Es sind dann alle Konstanten C einander gleich und alle Glieder haben, wie leicht aus den Betrachtungen der Stromrichtungen zu ersehen ist, die gleichen Vorzeichen.

Für den Sonderfall zweier Flüsse Φ_1 und Φ_2 ist also

$$C_1 = C_2 = C_{1,2} = C_{2,1} = C$$

und das Bremsmoment ergibt sich zu

$$B = B_1 + B_2 + B_{1,2} + B_{2,1} = C n (\Phi_1^2 + \Phi_2^2 + \Phi_1 \Phi_2 + \Phi_2 \Phi_1)$$
$$= C n (\Phi_1 + \Phi_2)^2 ,$$

man erhält also den gleichen Wert für B, wie oben auf andere Weise abgeleitet worden ist.

Das Vorzeichen der einzelnen Glieder ergibt sich, wenn man die

---

[1]) Vorausgesetzt ist die angenommene gegenseitige Lage der Flußspuren in bezug auf die Bewegungsrichtung.

nur einen Fluß enthaltenden als positiv annimmt, allgemein aus nachstehender einfacher Regel:

Die Glieder, deren Konstanten nur einen Index haben, sind stets positiv, diejenigen, deren Konstanten zwei Indizes haben, stets negativ. Dabei erhalten die Glieder, bei denen Flüsse mit gemeinschaftlicher Spur vorkommen, nur einen Index. (Am einfachsten kann man dies behalten, wenn man die Indizes nicht als den Flüssen, sondern den Flußspuren zugeordnet annimmt.)

In die Gleichung sind die Flüsse natürlich mit ihrem Vorzeichen einzusetzen. Daraus ergibt sich bei Gliedern, die Flüsse verschiedener Vorzeichen enthalten, ein entgegengesetztes Vorzeichen als in der allgemeinen Formel.

Es möge noch der folgende für die Praxis wichtige Fall betrachtet werden. Von drei homogenen Flüssen Φ_1, Φ_2 und Φ_3 (Abb. 14) seien die beiden äußeren Φ_1 und Φ_3 gleich groß und entgegengesetzt gerichtet

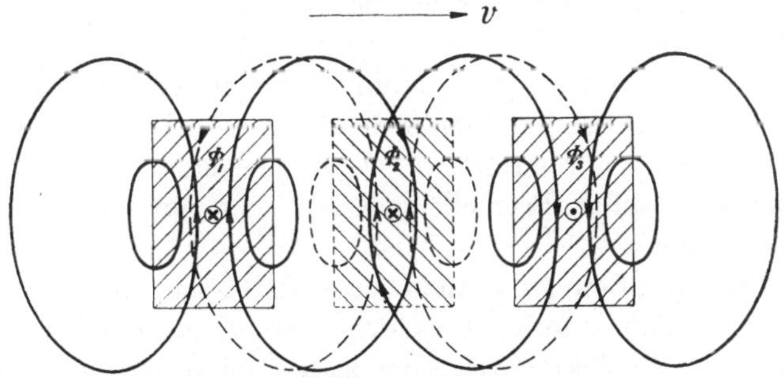

Abb. 14. Bremsströmung bei drei Flüssen ($\Phi_3 = -\Phi_1$).

(also $\Phi_3 = -\Phi_1$). Ihre Spuren seien einander gleich und symmetrisch in bezug auf die Spur des mittleren Flusses angeordnet[1]). Das Bremsmoment ist dann

$$B = B_1 + B_2 + B_3 - B_{1,2} - B_{1,3} - B_{2,1} - B_{2,3} - B_{3,1} - B_{3,2}$$
$$= [C_1\,\Phi_1^2 + C_2\,\Phi_2^2 + C_3\,\Phi_3^2 - C_{1,2}\,\Phi_1\,\Phi_2 - C_{1,3}\,\Phi_1\,\Phi_3 - C_{2,1}\,\Phi_2\,\Phi_1$$
$$- C_{2,3}\,\Phi_2\,\Phi_3 - C_{3,1}\,\Phi_3\,\Phi_1 - C_{3,2}\,\Phi_3\,\Phi_2]\cdot n\,.$$

Berücksichtigt man, daß $\Phi_3 = -\Phi_1$ und daß ferner infolge der symmetrischen Anordnung $C_1 = C_3,\ C_{1,2} = C_{3,2},\ C_{1,3} = C_{3,1},\ C_{2,1} = C_{2,3}$, so ergibt sich

$$B = [2\,C_1\,\Phi_1^2 + C_2\,\Phi_2^2 + 2\,C_{1,3}\,\Phi_1^2]\cdot n = 2\,(C_1 + C_{1,3})\,\Phi_1^2 + C_2\,\Phi_2^2]\cdot n\,.$$

Die Beziehung gilt offenbar für beliebige Richtung von Φ_2.

Von der Richtigkeit der oben angeführten Beziehung kann man sich auch leicht unmittelbar bei der Betrachtung der Abb. 14 über-

---

[1]) Φ_3 kann als Rückleitung von Φ_1 betrachtet werden.

zeugen. Die Strömungen J_1 und J_3 haben unter Φ_2 eine entgegengesetzte Richtung, so daß die beiden entstehenden Drehmomente sich gegenseitig aufheben; dasselbe trifft auch für die durch Zusammenwirken von J_2 mit Φ_1 und Φ_3 zustande kommenden Momente zu.

In Wirklichkeit verlaufen die durch verschiedene Flüsse induzierten Strömungen nicht getrennt, sondern es stellt sich in der Scheibe nur eine einzige resultierende Strömung ein. Physikalisch anschaulicher ist eine getrennte Behandlung der einzelnen Strömungen. Das Zeichnen der resultierenden Strömung ist sehr zeitraubend und läßt sich praktisch kaum durchführen.

Außer den betrachteten Anordnungen, bei denen zwei oder mehrere homogene Flüsse gemeinschaftliche oder ganz getrennte Polspuren haben, treten bei praktischen Zählern auch Fälle ein, wo die Polspuren zweier oder mehrerer Flüsse sich zum Teil überdecken. Die in solchen Fällen auftretenden Erscheinungen lassen sich durch Übereinanderlagerung der betrachteten Zustände klären.

Ändert sich der die Platte durchsetzende Fluß zeitlich, so entsteht, wie schon früher gesagt eine Strömung, die sich aus den durch Transformation verursachten Triebströmen und den bei der Bewegung der Scheibe induzierten Bremsströmen zusammensetzt. Es sollen weiter die Triebströme außer Betracht gelassen und nur die Bremsströme behandelt werden.

Die durch die Bewegung induzierte EMK ist in jedem Moment dem jeweiligen Momentanwert Φ_t des Flusses proportional und mit Φ gleichphasig. Wir betrachten einen zeitlich sinusförmig verlaufenden Fluß, dann hat auch die EMK den gleichen Verlauf. Es sei angenommen, daß der induktive Widerstand der Platte gegen den Ohmschen zu vernachlässigen ist, dann sind die Bremsströme in Phase mit dem sie erzeugenden Fluß. Die Gleichung des Flusses sei

$$\Phi_t = \overline{\Phi} \sin \omega t .$$

Dann ergibt sich nach Gleichung (3) das Bremsmoment zu

$$B_t = C\, n\, \overline{\Phi}^2 \sin^2 \omega t$$

und der Mittelwert desselben zu

$$B = \frac{1}{T} \int\limits_{t=0}^{t=T} C\, n\, \overline{\Phi}^2 \sin^2 \omega t \, dt = C\, n\, \frac{1}{2}\, \overline{\Phi}^2 = C\, n\, \Phi^2 \quad \text{[1]} \tag{4}$$

wo Φ der Effektivwert des Flusses ist.

---

[1] Ableitung ganz analog wie die der Gleichung für den Effektivwert einer Spannung oder eines Stromes, siehe z. B. Kittler-Petersen, „Allgemeine Elektrotechnik", Stuttgart 1909, Bd. II, S. 15.

Ein Wechselfluß vom Effektivwert Φ erzeugt also unter sonst gleichen Verhältnissen und unter der Annahme, daß die Scheibe keine Selbstinduktion besitzt, das gleiche mittlere Bremsmoment wie ein zeitlich konstanter Fluß Φ. Dieses wichtige Ergebnis ist auch ohne weiteres verständlich, da die Bremskraft Φ^2 proportional ist.

Die Gleichung (4) gilt natürlich nicht nur für sinusförmigen Verlauf von Φ, sondern auch für jeden beliebigen. Stets ist B dem Effektivwert des Flusses proportional.

Haben zwei Flüsse Φ_1 und Φ_2 gleicher Frequenz, deren gegenseitige Phasenverschiebung ψ ist, eine gemeinschaftliche Spur (dieser Fall tritt z. B. bei manchen Konstruktionen von Induktionszählern ein) so ist das Bremsmoment

$$B = C\,n\,[\Phi_1 + \Phi_2]^2 = C\,n\,\Phi^2,$$

wobei $\Phi = [\Phi_1 + \Phi_2]$ der aus den beiden Flüssen resultierende Fluß ist. Durch die eckige Klammer wird die geometrische Addition der beiden Flüsse angedeutet.

$$[\Phi_1 + \Phi_2] = \sqrt{\Phi_1^2 + \Phi_2^2 + 2\,\Phi_1\,\Phi_2 \cos\psi}\;.$$

Im Falle zweier Wechselflüsse gleicher Frequenz $\Phi_{1,t} = \overline{\Phi}_1 \sin\omega t$ und $\Phi_{2,t} = \overline{\Phi}_2 \sin(\omega t - \psi)$, die etwa nach Abb. 13 die Scheibe getrennt durchsetzen, ist der Momentanwert des gesamten Bremsmomentes

$$B_t = [C_1\,\overline{\Phi}_1^2 \sin^2\omega t + C_2\,\overline{\Phi}_2^2 \sin^2(\omega t - \psi) - C_{1,2}\,\overline{\Phi}_1 \sin\omega t \cdot \overline{\Phi}_2 \sin(\omega t - \psi)$$
$$- C_{2,1}\,\overline{\Phi}_2 \sin(\omega t - \psi) \cdot \overline{\Phi}_1 \sin\omega t] \cdot n$$

und der Mittelwert ergibt sich zu

$$\left.\begin{aligned}
B &= \frac{1}{T}\int_{t=0}^{t=T}[C_1\,\overline{\Phi}_1^2 \sin^2\omega t + C_2\,\overline{\Phi}_2^2 \sin^2(\omega t - \psi) - C_{1,2}\,\overline{\Phi}_1 \sin\omega t \\
&\quad \cdot \overline{\Phi}_2 \sin(\omega t - \psi) - C_{2,1}\,\overline{\Phi}_2 \sin(\omega t - \psi) \cdot \overline{\Phi}_1 \sin\omega t] \cdot n \cdot dt \\
&= [C_1\,\Phi_1^2 + C_2\,\Phi_2^2 - C_{1,2}\,\Phi_1\,\Phi_2 \cos\psi - C_{2,1}\,\Phi_2\,\Phi_1 \cos\psi] \cdot n \\
&= [C_1\,\Phi_1^2 + C_2\,\Phi_2^2 - (C_{1,2} + C_{2,1})\,\Phi_1\,\Phi_2 \cos\psi] \cdot n\,.\ \ ^{1)}
\end{aligned}\right\} \quad (5)$$

In diesem Fall ist die gegenseitige Lage der Flüsse und die Vorzeichen, welche die Glieder mit zwei Flüssen erhalten, ohne weiteres durch die Größe des Winkels ψ gegeben.

Zum gleichen Resultat gelangt man durch die einfache Betrachtung, daß nur die in Phase liegenden Komponenten eines Stromes und eines Flusses zum Drehmoment beitragen. Für mehrere Flüsse berechnet sich das Drehmoment entsprechend durch eine ähnliche Überlegung,

---

[1] Ableitung analog wie die für den Mittelwert des Effektes, siehe z. B. Kittler-Petersen, l. c. S. 15 u. 66.

wie sie für die zeitlich konstanten Flüsse angestellt wurde. Die allgemeine Gleichung lautet:

$$
\left.\begin{aligned}
B = [\,C_1\,\Phi_1^2 + C_2\,\Phi_2^2 + \ldots + C_n\,\Phi_n^2 - C_{1,2}\,\Phi_1\,\Phi_2\cos\psi'_{1,2} - \ldots \\
- C_{1,n}\,\Phi_1\,\Phi_n\cos\psi'_{1,n} - \ldots - C_{n,1}\,\Phi_n\,\Phi_1\cos\psi'_{1,n} - \ldots \\
- C_{n,(n-1)}\,\Phi_n\,\Phi_{(n-1)}\cos\psi'_{(n-1),n}\,]\cdot n\,.
\end{aligned}\right\} \quad (6)
$$

Mit $\psi_{1,2}$ usw. sind die Phasenverschiebungswinkel zwischen den Flüssen Φ_1 und Φ_2 usw. bezeichnet, wobei $\psi_{1,2} = \psi_{2,1}$ usw. ist.

Im Falle dreier Flüsse, von denen die beiden äußeren gleich stark und entgegengesetzt gerichtet sind, ist die Bremsung von der gegenseitigen Lage des Mittelflusses zum äußeren Fluß bei symmetrischer Anordnung wiederum unabhängig.

Dieser Fall tritt bei Induktionszählern dann ein, wenn der Stromtriebfluß einmal und der Spannungstriebfluß zweimal die Scheibe durchsetzen oder umgekehrt.

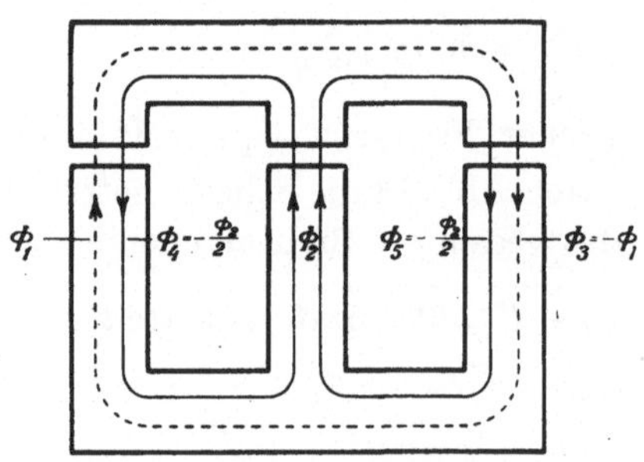

Abb. 15. Dreischenkeliger Stator.

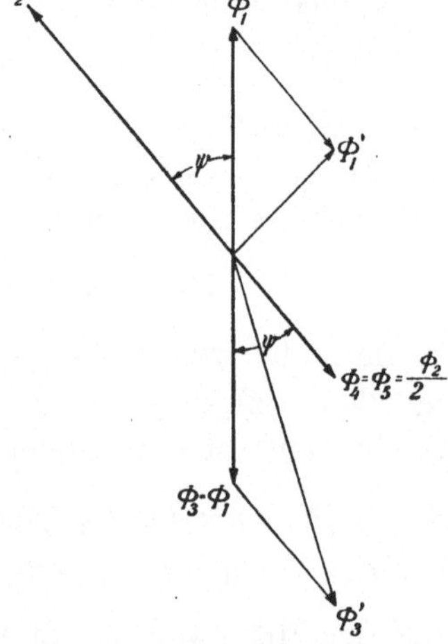

Abb. 16. Vektordiagramm zu Abb. 15.

Haben mehrere Flüsse eine gemeinschaftliche Spur, so gilt für diesen Fall die analoge Betrachtung, wie oben für die zeitlich konstanten Flüsse angestellt. Alle Konstanten haben den gleichen Wert und alle Glieder sind mit den gleichen Vorzeichen zu nehmen.

Es möge noch als Anwendungsbeispiel der oben abgeleiteten Beziehungen der etwas komplizierter liegende Fall des Triebeisens eines Induktionszählers, bei dem an einigen Stellen durch die Scheibe gleichzeitig der Strom- und Spannungsfluß treten, behandelt werden. Abb. 15 zeigt einen solchen charakteristischen, in bezug auf den Scheibenrand symmetrisch angeordneten Stator, wobei angenommen sein möge, daß auf dem mittleren Schenkel die Spannungsspule und auf den äußeren die Stromspulen sitzen [1]). Bei ausgeschalteter Spannungsspule würde im Luftspalt des Schenkels 1 der Stromtriebfluß Φ_1 und im Luftspalt 3

---

[1]) Auf die Form der Abb. 15 lassen sich z. B. die Statoren der Zählermodelle W 3 der SSW und LJc der AEG zurückführen.

der in bezug auf die Scheibe entgegengesetzt gerichtete und gleich große Fluß Φ_3 verlaufen. Im umgekehrten Fall, beim ausgeschalteten Hauptstrom, würde durch den Luftspalt 2 der Spannungsfluß Φ_2 treten, der sich über die Luftspalte 1 und 3 wieder schließt. In diesen Luftspalten sind also die Flüsse $\Phi_4 = \Phi_5 = -\dfrac{\Phi_2}{2}$ vorhanden.

Beim gleichzeitigen Vorhandensein von Strom- und Spannungsfluß überlagern sich also in den Luftspalten 1 und 3 zwei Flüsse, wobei die Verhältnisse je nach dem Phasenverschiebungswinkel ψ[1]) zwischen Φ_1 und Φ_2 verschieden sind. Die Flüsse im Luftspalt der Schenkel 1 und 3 Φ_1' und Φ_3' sind jetzt die aus Φ_1 bzw. Φ_3 und Φ_4 bzw. Φ_5 resultierenden Flüsse. Im Vektordiagramm Abb. 16 sind die Einzelflüsse und die resultierenden Flüsse eingezeichnet. Dabei ist angenommen worden, daß der Fluß Φ_2 dem Fluß Φ_1 um den spitzen Winkel ψ nacheilt.

Das gesamte Bremsmoment ergibt sich zu

$$B = [C_1\,\Phi_1'^2 + C_2\,\Phi_2^2 + C_3\,\Phi_3'^2 - C_{1,2}\,\Phi_1'\,\Phi_2\cos\psi_{1',2} - C_{1,3}\,\Phi_1'\,\Phi_3'\cos\psi_{1',3'}$$
$$- C_{2,1}\,\Phi_2\,\Phi_1'\cos\psi_{2,1'} - C_{2,3}\,\Phi_2\,\Phi_3'\cos\psi_{2,3'} - C_{3,1}\,\Phi_3'\,\Phi_1'\cos\psi_{3',1'}$$
$$- C_{3,2}\,\Phi_3'\,\Phi_2\cos\psi_{3',2}]\cdot n\,.$$

Bei der angenommenen symmetrischen Lage des Systems in bezug auf die Scheibe ist $C_1 = C_3$; $C_{1,2} = C_{3,2}$; $C_{1,3} = C_{3,1}$ und $C_{2,1} = C_{2,3}$. Da ferner $\psi_{1',2} = \psi_{2,1'}$ usw., so ergibt sich

$$B = [C_1\,(\Phi_1'^2 + \Phi_3'^2) + C_2\,\Phi_2^2 -- (C_{1,2} + C_{2,1})\,\Phi_2\,(\Phi_1'\cos\psi_{1',2} \left.\vphantom{\begin{matrix}a\\a\end{matrix}}\right\} \tag{7}$$
$$+ \Phi_3'\cos\psi_{2,3'}) - 2\,C_{1,3}\,\Phi_1'\,\Phi_3'\cos\psi_{1',3}]\cdot n\,.$$

Durch Abgreifen der Flüsse und Winkel aus den für verschiedene Werte von ψ gezeichneten Diagrammen und Einsetzen dieser Werte in die Gleichung (7) kann man sich leicht überzeugen, daß auch in diesem Fall die Dämpfung von ψ also auch von φ unabhängig ist.

Zu dem gleichen Resultat würde man kommen, wenn man in der Gleichung (7) Φ_1', Φ_3' sowie $\psi_{1',2}$, $\psi_{1',3'}$ und $\psi_{2,3'}$ als Funktion von Φ_1, Φ_2 und ψ ausdrücken würde. Diese Rechnung ist jedoch sehr umständlich und von ihrer Durchführung soll deshalb abgesehen werden, da man auch auf folgende einfache Weise zum Ziel gelangt.

Man denke sich die Flüsse Φ_1, Φ_2, Φ_3, Φ_4 und Φ_5 einzeln verlaufend. Dann lassen sich die einzelnen Momente, die durch das Zusammenwirken der Strömung, welche durch jeden einzelnen Fluß induziert wird, mit allen Flüssen zustande kommen, leicht berechnen. Diese Momente sind in der folgenden Tabelle zusammengestellt, wobei von vornherein berücksichtigt worden ist, daß

$$C_1 = C_3 = C_4 = C_5, \quad C_{1,2} = C_{3,2} = C_{4,2} = C_{5,2}, \quad C_{1,3} = C_{1,5} = C_{3,1}$$
$$= C_{3,4} = C_{4,5}; \quad C_{2,1} = C_{2,3} = C_{2,4} = C_{2,5}$$

---

[1]) Beim genau abgeglichenen Zähler ist $\psi = 90° - \varphi$, wobei φ die Phasenverschiebung zwischen Strom und Spannung in der Anlage ist (s. S. 10).

und daß ferner

$$\Phi_1 = \Phi_3 \quad \text{und} \quad \Phi_4 = \Phi_5 \, .$$

Index m von J	Index n von Φ	$\psi_{m,n}$	$\cos \psi_{m,n}$	Index von C	Moment
	1	0	1	1	$C_1 \, \Phi_1^2$
	2	ψ	$\cos \psi$	$1,2$	$- \, C_{1,2} \, \Phi_1 \, \Phi_2 \cos \psi$
1	3	π	-1	$1,3$	$C_{1,3} \, \Phi_1^2$
	4	$\pi - \psi$	$- \cos \psi$	1	$- \, C_1 \, \Phi_1 \, \Phi_4 \cos \psi$
	5	$\pi - \psi$	$- \cos \psi$	$1,3$	$C_{1,3} \, \Phi_1 \, \Phi_4 \cos \psi$
	1	ψ	$\cos \psi$	$2,1$	$- \, C_{2,1} \, \Phi_1 \, \Phi_2 \cos \psi$
	2	0	1	2	$C_2 \, \Phi_2^2$
2	3	$\pi - \psi$	$- \cos \psi$	$2,1$	$C_{2,1} \, \Phi_1 \, \Phi_2 \cos \psi$
	4	π	-1	$2,1$	$C_{2,1} \, \Phi_2 \, \Phi_4$
	5	π	-1	$2,1$	$C_{2,1} \, \Phi_2 \, \Phi_4$
	1	π	-1	$1,3$	$C_{1,3} \, \Phi_1^2$
	2	$\pi - \psi$	$- \cos \psi$	$1,2$	$C_{1,2} \, \Phi_1 \, \Phi_2 \cos \psi$
3	3	0	1	1	$C_1 \, \Phi_1^2$
	4	ψ	$\cos \psi$	$1,3$	$- \, C_{1,3} \, \Phi_1 \, \Phi_4 \cos \psi$
	5	ψ	$\cos \psi$	1	$C_1 \, \Phi_1 \, \Phi_4 \cos \psi$
	1	$\pi - \psi$	$- \cos \psi$	1	$- \, C_1 \, \Phi_1 \, \Phi_4 \cos \psi$
	2	π	-1	$1,2$	$C_{1,2} \, \Phi_2 \, \Phi_4$
4	3	ψ	$\cos \psi$	$1,3$	$- \, C_{1,3} \, \Phi_1 \, \Phi_4 \cos \psi$
	4	0	1	1	$C_1 \, \Phi_4^2$
	5	0	1	$1,3$	$- \, C_{1,3} \, \Phi_4^2$
	1	$\pi - \psi$	$- \cos \psi$	$1,3$	$C_{1,3} \, \Phi_1 \, \Phi_4 \cos \psi$
	2	π	-1	$1,2$	$C_{1,2} \, \Phi_2 \, \Phi_4$
5	3	ψ	$\cos \psi$	1	$C_1 \, \Phi_1 \, \Phi_4 \cos \psi$
	4	0	1	$1,3$	$- \, C_{1,3} \, \Phi_4^2$
	5	0	1	1	$C_1 \, \Phi_4^2$

Unter Berücksichtigung, daß $\Phi_4 = \dfrac{\Phi_2}{2}$, berechnet sich die Summe aller Einzelmomente, die das Gesamtbremsmoment darstellt, zu

$$B = \left[C_1 \left(2 \, \Phi_1^2 + \frac{\Phi_2^2}{2} \right) + C_2 \, \Phi_2^2 + C_{1,2} \, \Phi_2^2 + C_{1,3} \left(2 \, \Phi_1^2 - \frac{\Phi_2^2}{2} \right) \right. \\ \left. + \, C_{2,1} \, \Phi_2^2 \right] \cdot n \tag{8}$$

Man sieht, daß kein Dämpfungsglied vorhanden ist, welches das Produkt beider Flüsse enthält, so daß die Gesamtbremsung als Summe der Strom- und Spannungsdämpfung berechnet werden kann. Dagegen ist das Vorhandensein der Glieder, die durch Zusammenwirken von Φ_1 mit Φ_3 sowie Φ_2 mit Φ_4 bzw. Φ_5 zustande kommen, zu beachten. Man kann sich durch Einsetzen bestimmter Zahlenwerte in die Formel leicht überzeugen, daß sie die gleichen Werte ergeben, wie durch Berechnung nach Gleichung (7). Das angeführte Beispiel soll den Weg zum Lösen ähnlicher Aufgaben zeigen. Im vorliegenden Fall läßt sich das Resultat auch leicht durch die Betrachtung des Verlaufes der Strömungen, die durch die einzelnen Flüsse induziert werden, ermitteln.

Die abgeleiteten Beziehungen sind von großer Wichtigkeit für die Zählertechnik, und zwar besonders für die Wahl günstiger Verhältnisse in bezug auf die Strom- und Spannungsdämpfung.

Sie zeigen, daß die Dämpfung durch einen Fluß, der zweimal die Scheibe in umgekehrter Richtung durchsetzt, also etwa der Fluß eines U-förmigen Stromeisens, größer ist, als der doppelte Wert der Dämpfung, die sich beim einmaligen Durchgang des Flusses durch die Scheibe ergibt. Das zusätzliche Glied wird unter sonst gleichen Verhältnissen um so kleiner, je größer die Entfernung der beiden Flußspuren ist. Ferner ist wichtig, daß bei symmetrischen Statoren, die zur Zeit allgemein üblich sind, kein Dämpfungsglied, welches vom Zusammenwirken des Strom- und Spannungsflusses herrührt, vorhanden ist. Die Dämpfung ist demnach unabhängig von der gegenseitigen Phasenverschiebung der Flüsse, also auch von der Phasenverschiebung in der Anlage.

Trotz der Einfachheit der abgeleiteten Beziehungen sind dieselben bis jetzt anscheinend nicht ganz erkannt worden. In der Literatur findet sich außer der als allgemein bekannt anzusehenden, durch die Gleichung (3) ausgedrückten Beziehung noch an zwei Stellen die Ableitung der Dämpfung, die durch zwei Flüsse zustande kommt. Der erste Hinweis wurde von David und Simons[1]) gemacht; sie kommen zu einer Formel für die Dämpfung, die die gleichen Glieder wie Gleichung (5) enthält. Der Unterschied besteht darin, daß das dritte Glied, welches die beiden Flüsse enthält, wie die beiden ersten Glieder das positive Vorzeichen hat. Dies ist offenbar nach dem oben Gesagten nicht richtig. Dieser Fehler ist den genannten Autoren jedenfalls unterlaufen, da sie bei ihrer Ableitung nicht berücksichtigt haben, daß die von einem Fluß induzierte Strömung im Bereich des anderen Flusses in entgegengesetzter Richtung in bezug auf die Bewegungsrichtung verläuft, also mit dem Fluß von gleicher Richtung entgegengesetztes Drehmoment erzeugt[2]).

Im wesentlichen die gleiche Ableitung findet sich bei Schmiedel[3]), wobei auch in diesem Fall das Vorzeichen des dritten Gliedes nicht richtig ist.

Die Verhältnisse bei symmetrisch aufgebauten Triebsystemen sind

---

[1]) E. T. Z. **28**, 941. 1907.

[2]) Es ist zu beachten, daß bei einer von der oben angenommenen, abweichenden, gegenseitigen Lage der Flußspuren, also z. B. wenn die beiden Flüsse nebeneinander in radialer Richtung liegen, die Vorzeichen sich auch umkehren können.

[3]) l. c. (Fußnote 2 S. 1), S. 9.

bis jetzt anscheinend überhaupt nicht erkannt worden. Die Ursache dürfte darin liegen, daß man aus dem Verlauf der Fehlerkurve der Zähler nicht mit genügender Genauigkeit die Größe der Dämpfung des Triebsystems bestimmen kann. Es wurde deshalb vielleicht angenommen, daß das Glied $(C_{1,2} + C_{2,1})\, \Phi_1\, \Phi_2 \cos \psi$ so klein ist, daß es nicht in Erscheinung tritt.

Die Dämpfung der Zählertriebsysteme wurde bis jetzt unmittelbar wohl nur nach der zuerst von Schmiedel angewandten Auslaufmethode bestimmt. Diese eignet sich jedoch, wie leicht ersichtlich, nicht zur Bestimmung der Dämpfung beim gleichzeitigen Vorhandensein des Strom- und des Spannungsfeldes.

Schmiedel[1]) erklärt den Umstand, daß beim Induktionszähler das die beiden Flüsse enthaltende Glied ohne Bedeutung ist, dadurch, daß hier der variable Stromfluß nur in der ersten Potenz vorkommt und dieses Glied deshalb gegenüber den anderen vernachlässigt werden kann. Diese Ableitung ist offenbar irrtümlich.

Bei allen vorhergehenden Betrachtungen wurde die Rückwirkung der Bremsströme auf die sie erzeugenden Flüsse unberücksichtigt gelassen. Infolge dieser Rückwirkung tritt eine Änderung der Verteilung der die Scheibe durchsetzenden Flüsse ein, und zwar bekanntlich in dem Sinne, daß der Fluß an der ablaufenden Kante gestärkt und an der auflaufenden geschwächt wird. Dies verursacht, daß mit steigender Rückwirkung der Ströme infolge der Sättigung im Eisen eine Abnahme der Bremskraft auftritt. Auch beim Nichtvorhandensein des Eisens wird die Strömung unsymmetrisch und mit wachsender Geschwindigkeit fällt die Bremsung. Bei Induktionszählern treten jedoch diese Erscheinungen in zu vernachlässigendem Maße auf, so daß bei diesen die oben angeführten Beziehungen als streng richtig angesehen werden können. Ferner wurde noch der induktive Widerstand der Scheibe außer acht gelassen[2]). Diese Vernachlässigung wurde bis jetzt in der ganzen Literatur über Zähler gemacht.

Besitzt die Scheibe eine merkliche Selbstinduktion, so ist die Bremsströmung J im Verhältnis $\cos \varphi$ kleiner als die Strömung J_0 bei induktionsfreier Scheibe (oder bei $f = 0$), wobei hier φ den Phasenverschiebungswinkel zwischen dem Fluß, also der EMK und der induzierten Strömung bedeutet. Das Bremsmoment ist proportional dem Produkt der Strömung, des Flusses, der Geschwindigkeit und des Kosinus der Phasenverschiebung zwischen Fluß und Strömung, also wiederum $\cos \varphi$; es ist also

$$B = C_0\, n\, \Phi^2 \cos^2 \varphi \; . \tag{9}$$

---

[1]) l. c. S. 12.

[2]) Die Vernachlässigung der Induktivität hat eigentlich auch die Vernachlässigung der Rückwirkung zur Folge.

Ist B_0 das Bremsmoment bei induktionsfreier Scheibe, also auch das Bremsmoment bei zeitlich konstantem Flusse gleicher Größe, so ergibt sich

$$B = B_0 \cos^2 \varphi$$

$$\cos^2 \varphi = \frac{1}{1 + \operatorname{tg}^2 \varphi} = \frac{1}{1 + \dfrac{L^2}{R^2}\,\omega^2},$$

wobei L den Selbstinduktionskoeffizient und R den Ohmschen Widerstand der Wirbelstrombahn bedeutet. In Wirklichkeit hat man unendlich viele verschiedene Bahnen, also auch Werte von L und R, man kann sich jedoch die Scheibe durch eine einzige Windung ersetzt denken, die dieselbe Bremswirkung wie die Scheibe hat und deren Selbstinduktionskoeffizient L und Widerstand R sind. Strenggenommen ändert sich von Strompfad zu Strompfad die Phasenverschiebung. Der aus Gleichung (9) sich zu $\cos \varphi = \sqrt{\dfrac{B}{C_0\, n\, \Phi^2}}$ ergebende Wert kann als der Kosinus des äquivalenten Phasenverschiebungswinkels bezeichnet werden.

Setzt man $\left(2\,\pi\,\dfrac{L}{R}\right)^2 = \zeta$, so ist

$$B = B_0 \frac{1}{1 + \zeta\,f^2} = C_0\, n\, \Phi^2 \frac{1}{1 + \zeta\,f^2}\,.$$

In dem oben benutzten Ausdruck $B = C\, n\, \Phi^2$ ist also C eine von der Frequenz abhängige Größe. $C = C_0 \dfrac{1}{1 + \zeta\,f^2}$. Sind zwei Werte dieser Größe C_1 und C_2 für die Frequenz f_1 und f_2 bekannt, so läßt sich daraus ζ berechnen.

$$\frac{C_1}{C_2} = \frac{1 + \zeta\,f_2^2}{1 + \zeta\,f_1^2} = \frac{\cos^2 \varphi_1}{\cos^2 \varphi_2},$$

daraus ergibt sich

$$\zeta = \frac{C_2 - C_1}{C_1\,f_1^2 - C_2\,f_2^2},$$

ferner ist $C_0 = C\,(1 + \zeta\,f^2) = C/\cos^2 \varphi$.

Im Falle zweier Flüsse, die nach Abb. 13 die Scheibe durchsetzen, ergibt sich, wie leicht aus dem Diagramm Abb. 17 zu ersehen ist, das Gesamtdrehmoment zu

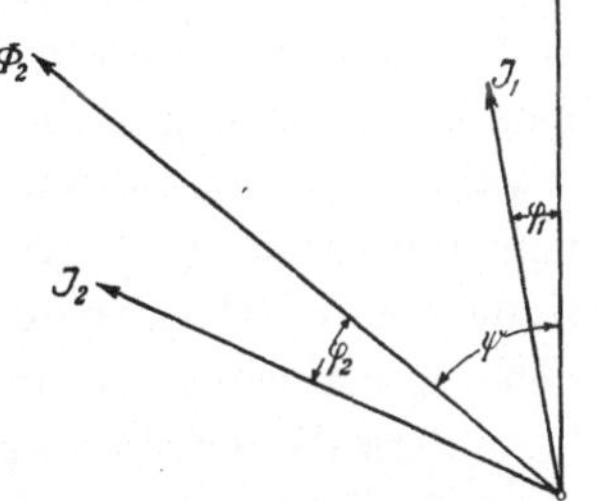

Abb. 17. Lage der Bremsströme bei zwei Flüssen Φ_1 und Φ_2 in einer mit Selbstinduktion behafteten Scheibe.

$$B = [C_1\, \Phi_1^2 \cos^2 \varphi_1 + C_2\, \Phi_2^2 \cos^2 \varphi_2 - C_{1,2}\, \Phi_1 \cos \varphi_1 \cdot \Phi_2 \cos(\psi - \varphi_1) \\ - C_{2,1}\, \Phi_2 \cos \varphi_2 \cdot \Phi_1 \cos(\psi + \varphi_2)] \cdot n \tag{10}$$

Auf ähnliche Weise läßt sich für alle anderen Fälle der Einfluß der Induktivität der Scheibe berücksichtigen.

Bei dem Entwurf eines neuen Zählermodelles dürfte zur Beurteilung der Anordnung, in bezug auf Eigendämpfung, die Induktivität wohl vernachlässigt werden können, da ja eine genaue zahlenmäßige Berechnung der Dämpfung sowieso kaum möglich ist. An und für sich ist aber die Induktivität der Scheibe für die Wirkungsweise des Induktionszählers sehr wesentlich. Sie beeinflußt offenbar die Frequenzabhängigkeit des Zählers, ferner ist, wie leicht einzusehen, auch bei gleicher Stärke des Hauptstromflusses die Durchbiegung der Fehlerkurve infolge der Stromdämpfung bei Zählern für niedrige Frequenzen größer, als bei denen für höhere Frequenzen. Für diese den Zählerfachleuten bekannte Tatsache fehlte bis jetzt eine Erklärung.

Es soll noch kurz darauf hingewiesen werden, daß eine Rückwirkung der Bremsströme, die durch den Stromtriebfluß induziert werden, auf den Spannungsfluß und umgekehrt vorhanden ist und dabei die Verhältnisse in bezug auf Stromaufnahme des Spannungseisens und auf die Stärke der Flüsse bei rotierendem Zähler gegenüber dem stillstehenden geändert werden. Durch diese Rückwirkung, auf die noch an einer anderen Stelle näher einzugehen beabsichtigt ist, wird erklärlich, von wo aus der mechanische Effekt des rotierenden Ankers gedeckt wird. Praktisch ist diese Rückwirkung bedeutungslos, da der vom Anker entwickelte mechanische Effekt sehr gering ist. Vom theoretischen Standpunkt aus betrachtet, sind diese Erscheinungen jedoch sehr interessant.

2. Berechnung des Verlaufes der Bremsströme und des Bremsmomentes.

Mit der Berechnung des Verlaufes der Wirbelströme in Platten und massiven Körpern (Kugeln u. dgl.) haben sich mehrere Autoren befaßt. Hier mögen die wichtigen Arbeiten von Maxwell und Hertz erwähnt werden. Vom technischen Standpunkt aus ist die Arbeit von Rüdenberg[1]) grundlegend, in der auch Literaturangaben zu finden sind. Rüdenberg nimmt die der Rechnung bequem zugängliche, sinusförmige, räumliche Verteilung der Flüsse an und behandelt besonders die Rückwirkung des Feldes der Bremsströme auf das induzierende Feld. Für die Zählertechnik ist die Arbeit jedoch von geringem Interesse, da wie schon erwähnt, hier die Rückwirkung außer acht gelassen werden kann.

Beckmann[2]) berechnet das Bremsmoment, welches bei einer Scheibe oder einer Trommel durch Einwirkung einer Reihe stufen-

---

[1]) Rüdenberg, „Energie der Wirbelströme". Stuttgart 1906.
[2]) Beckmann, „Untersuchungen über Wirbelstrombremsen". Dissertation, Techn. Hochschule, Hannover.

förmiger, zeitlich konstanter Flüsse gleicher Richtung zustande kommt. Der Berechnung liegen dabei vereinfachte Annahmen über den Verlauf der Bremsströme zugrunde, insbesondere wird angenommen, daß der Bremskörper im Bereich der Flüsse nur in der zur Bewegungsrichtung senkrechten Richtung leitend ist. Aus seinen Überlegungen leitet Beckmann die Bedingungen für die in bezug auf Erreichung eines möglichst großen Bremsmomentes günstige Gestalt der Polschuhe ab.

Der Weg zur exakten rechnerischen Ermittlung des Verlaufes der Bremsströme wurde von Baeumler in seiner früher erwähnten Arbeit[1]) angegeben. Der Gedankengang ist dabei der folgende:

Schneidet man aus der Flußspur (s. z. B. Abb. 11) einen schmalen Streifen heraus, der parallel zur Bewegungsrichtung liegt, so ist der Verlauf der von diesem Streifen induzierten Bremsströme identisch mit dem der Ströme, die man in der ruhenden Scheibe erhalten würde, wenn an beiden Enden des Streifens zwei Feldfäden die Scheibe senkrecht durchsetzen würden, wobei deren Fluß sich gleichzeitig so ändern würde, daß die in der Scheibe induzierte EMK ihrer Größe und Richtung nach die gleiche wäre, wie die bei der Bewegung der Scheibe durch den betrachteten Flußstreifen induzierte. Der Verlauf der durch diese EMK induzierten Ströme läßt sich nach dem früher von den Triebströmen Gesagten ermitteln. Die gesamte durch den Pol induzierte Bremsströmung ergibt sich als Summe der Strömungen der einzelnen Streifen. Die einzelnen am Rand der Polspur die Scheibe durchdringenden Feldfäden kann man sich durch zwei unendlich schmale Felder, die

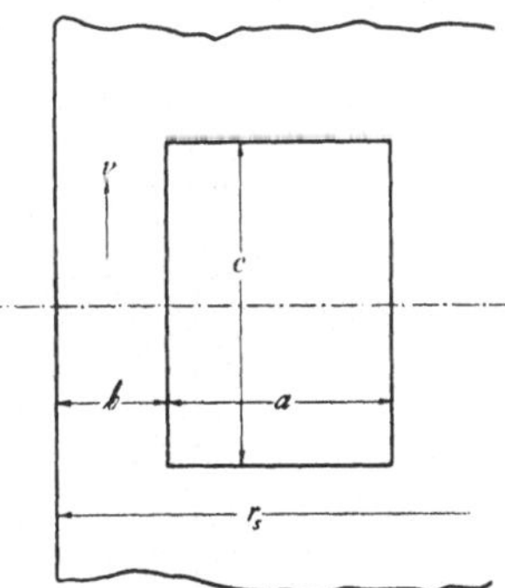

Abb. 18. Bedeutung der Größen in Gleichung (11).

Baeumler als „Randfelder" bezeichnet, ersetzt denken. Die Richtigkeit der obigen Annahme zeigt die folgende Überlegung.

Die Grenzen der Strombahn und die EMKe, die auf die einzelnen Stromlinien wirken, sind in den beiden betrachteten Fällen gleich. Die EMK wird in beiden Fällen durch reine Induktion erzeugt, die Stromlinien verlaufen in jedem Fall in den Bahnen des kleinsten Widerstandes. Für die gegebene Anordnung gibt es nur eine solche Bahnenschar.

Diese Überlegung ermöglicht die Konstruktion der Bremsströme, die jedoch ziemlich zeitraubend sein dürfte. Es sei noch bemerkt, daß die Einführung von Randfeldern nur für den Fall eines homogenen Flusses zulässig ist.

---

[1]) Siehe Fußnote 2, S. 12.

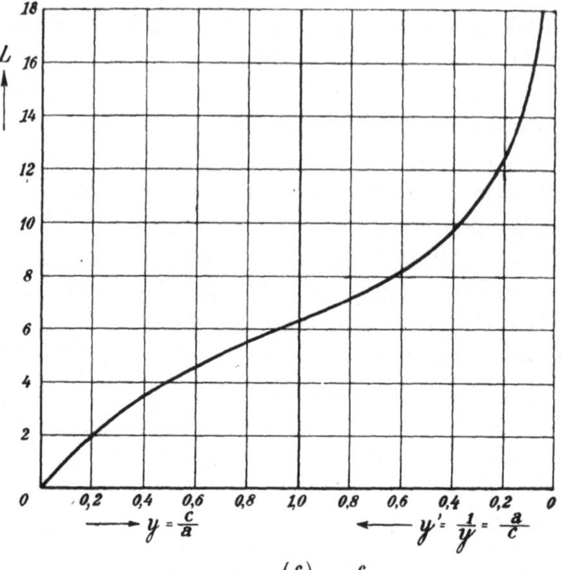

Abb. 19. $L = f\left(\dfrac{c}{a}\right)$ für $\dfrac{c}{a} \gtrless 1$.

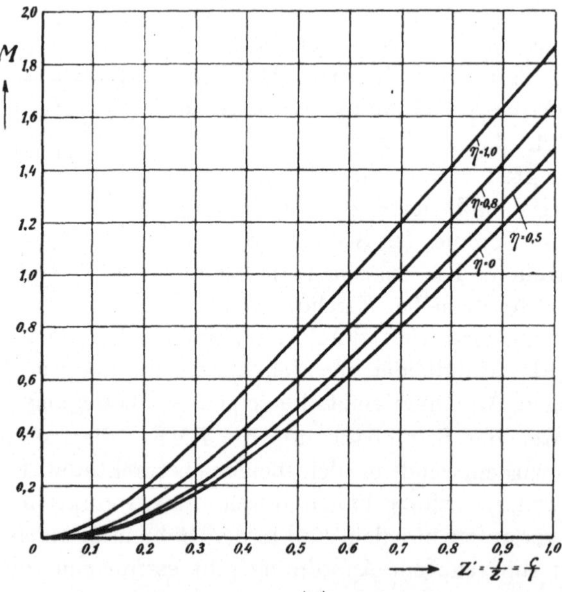

Abb. 20. $M = f\left(\dfrac{c}{l}\right)$ für $\dfrac{c}{a} \gtrless 1$.

Ähnliche Betrachtungen wie Baeumler stellt auch Rogowski[1]) an, der auf diese Weise das Bremsmoment, welches von einem Fluß von rechteckiger Begrenzung hervorgerufen wird, berechnet, wobei er die vereinfachte Annahme macht, daß der Radius r_s der Scheibe im Ver-

---

[1]) Archiv f. Elektr. **1**, 205. 1912.

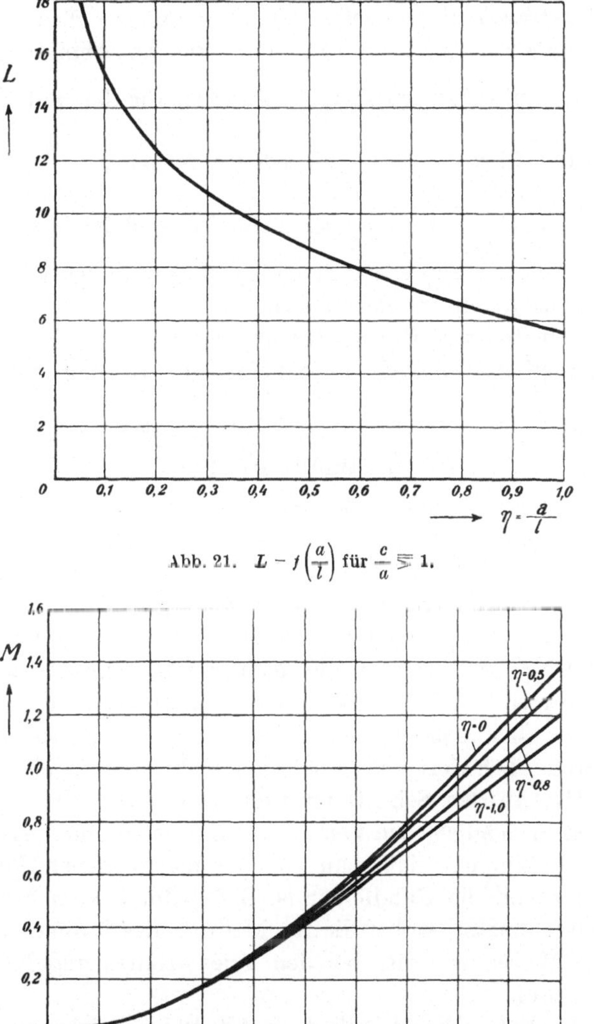

Abb. 21. $L = f\left(\dfrac{a}{l}\right)$ für $\dfrac{c}{a} \gtreqless 1$.

Abb. 22. $M = f\left(\dfrac{l}{c}\right)$ für $\dfrac{c}{a} \gtreqless 1$.

gleich zu den Dimensionen a und c der Flußspur so groß ist, daß der Scheibenrand als eine zu einer der Begrenzungslinien der Flußspur parallele Gerade angenommen werden kann. Einen Teil der Scheibe und die Flußbegrenzung stellt in diesem Fall die Abb. 18 dar. Als Bremsmoment erhält Rogowski den Ausdruck

$$B = \frac{1}{2}\,\varkappa\vartheta\,\mathfrak{B}^2\,a^2\,r_s^2\,(L - M)\left(1 - \frac{a + 2b}{2\,r_s}\right)^2 \cdot n \cdot 10^{-5}\,\mathrm{Dyn}\cdot\mathrm{cm}\,. \qquad (11)$$

Die Maße wie früher in cm, n-Drehzahl pro Sekunde. Bei Wechselflüssen ist $\mathfrak{B}$ der Effektivwert (bei sinusförmigem Verlauf $\mathfrak{B}^2 = \overline{\mathfrak{B}}^2/2$). Die Größen L und M sind als Funktionen von a, b und c aus den Abbildungen $19 \div 22$ zu entnehmen. Die Kurven 19 und 20 gelten für den Fall $\dfrac{c}{a} \lessgtr 1$, die Kurven 21 und 22 für $\dfrac{c}{a} \gtrless 1$. Es bedeutet ferner $y = \dfrac{c}{a}$, $l = a + 2b$, $\eta = \dfrac{a}{l}$ und $z = \dfrac{l}{c}$. Es sei noch bemerkt, daß bei der elektrischen Analogie der Erscheinung L und M die Koeffizienten der Selbstinduktion und der gegenseitigen Induktion sind.

In den Arbeiten von Baeumler und Rogowski wird die Induktivität der Scheibe, also auch die Scheibenrückwirkung vernachlässigt.

3. Experimentelle Arbeiten über die Bremsströme und Bremsmomente.

Der Verlauf der Bremsströme könnte im Prinzip durch Messung von Potentialdifferenzen zwischen zwei auf der Bremsscheibe aufliegenden Schleifkontakten ermittelt werden. Ein Versuch der Anwendung dieser Methode wurde von Matteuci[1]) gemacht. Es erscheint jedoch fraglich, ob man auf diese Weise zu brauchbaren Resultaten gelangt, jedenfalls dürfte die Durchführung der Versuche sehr zeitraubend sein. Immerhin wäre es möglich, diese Messung unter Verwendung moderner Meßverfahren, insbesondere mit Hilfe der Kompensationsmethode durchzuführen. Schwierigkeiten würden wohl bei Gleichstrom durch Thermo-EMKe an den Schleifkontakten auftreten.

Ferner ist es möglich, den Verlauf der Bremsströmung experimentell dadurch zu bestimmen, daß man von der magnetischen Analogie Gebrauch macht und die Randfelder (s. S. 41) durch vom Strom durchflossene Leiter ersetzt, wobei die Rückleitung des Stromes in der entsprechenden Weise, wie dies bei den Triebströmen angeführt worden ist, erfolgen muß.

Baeumler hat auch mit Hilfe des auf S. 18 beschriebenen Apparates, der allerdings ursprünglich nur zur Aufnahme von Triebströmen bestimmt war, ein solches Kraftlinienbild (Textblatt II, Bild 7) aufgenommen.

Die veröffentlichten, experimentellen Arbeiten über Wirbelstrombremsung erstrecken sich in der Hauptsache auf die Bestimmung des unter verschiedenen Umständen zustande kommenden Bremsmomentes, besonders dessen Abhängigkeit von der Drehzahl. Diese Arbeiten sind jedoch für die Zählertechnik kaum von Interesse, eine Ausnahme bildet zum Teil die Arbeit von Beckmann[2]), dessen Versuche die Richtigkeit der von ihm aufgestellten theoretischen Betrachtungen im wesentlichen

---

[1]) Annales de Chim. et de Phys. **49**, 129. 1857.
[2]) l. c. (Fußnote 2, S. 40).

bestätigen. Der Versuchsapparat von Beckmann bestand in der Hauptsache aus einer nach Art eines Wagebalkens gelagerten Bremstrommel und einem rotierenden Magnetsystem. Das Drehmoment wurde durch Wägung bestimmt. Außerdem wurden Versuche mit einer zwischen den Polen eines Magneten schwingenden Scheibe ausgeführt. Die Versuche von Beckmann erstrecken sich auf zeitlich konstante Flüsse.

Erwähnt mögen noch die Versuche von Kempe[1]) werden, der im wesentlichen nach den gleichen Methoden wie Beckmann die Dämpfung durch wechselstromerregte Flüsse untersucht hat.

4. Versuche des Verfassers.

Der Verfasser hat sich die Aufgabe gestellt, eine Methode auszuarbeiten, die geeignet wäre, unter Verhältnissen, wie sie bei Induktionszählern vorkommen, das Bremsmoment zu bestimmen. Das angewandte Verfahren kann als Methode des geeichten Motors betrachtet werden. Das Bremsmoment wurde dabei aus der EMK und der Stromstärke im Anker eines mit Felderregung durch permanente Magnete versehenen Gleichstrommotors bestimmt, der die Bremsscheibe antreibt. Die ausgeführten Versuche sollen in der Hauptsache zur Prüfung der Richtigkeit der unter 1. aufgestellten Gleichungen, die sich auf den Einfluß der Induktivität der Scheibe sowie auf das Zusammenwirken mehrerer Flüsse beziehen, dienen.

Als Bremskörper wurde eine Aluminiumscheibe benutzt, Durchmesser $2\,r_s = 13,0$ cm, Dicke $\vartheta \approx 0,12$ cm und Leitfähigkeit $\varkappa \approx 34$. Da es sich nur um relative Werte handelt, so sind die genauen Daten der Scheibe nicht von Interesse, sie wurden deshalb nicht genau bestimmt. Die Bremsmagnete hatten kreisrunde Pole, Radius $r_0 \approx 1,0$ cm. Der Abstand des Mittelpunktes der Polspuren von der Drehachse ist bei allen Versuchen $e = 5,0$ cm gewesen. Unter verschiedenen Verhältnissen wurden die Bremskonstanten bestimmt. Im folgenden soll mit C bzw. $C_{1,2}$ usw. der mit 10^6 multiplizierte Wert der Konstanten bezeichnet werden, die sich ergibt, wenn die Momente in Dyn · cm, die Drehzahl n in der Sekunde und für die Flüsse die Scheitelwerte gesetzt werden[2]). Der Faktor 10^6 wurde gewählt, da die eigentliche Konstante eine unbequem kleine Zahl ist. Die angeführten Werte können auch als die Konstante selbst betrachtet werden, wenn als Einheit für den Fluß 1000 Linien/cm² angenommen werden.

Alle Werte der Konstanten sind auf 20° Temperatur, in unmittelbarer Nähe der Scheibe gemessen, bezogen.

---

[1]) l. c. (Fußnote 3, S. 17).
[2]) Es wird überall sinusförmiger Verlauf der Flüsse vorausgesetzt.

a) Versuche mit einem auf die Scheibe wirkenden Fluß.

1. Es wurde beim konstantbleibenden Fluß $\overline{\Phi} \approx 5000$ und konstanter Frequenz $f = 50$ die Konstante C als Funktion von n bestimmt. Die Resultate zeigt die Abb. 23. C nähert sich bei einer Drehzahl von 1,5 dem konstanten Wert von etwa 176,3. Der Anstieg von C zwischen dem Wert bei ganz kleinen Drehzahlen und dem höchsten Wert beträgt

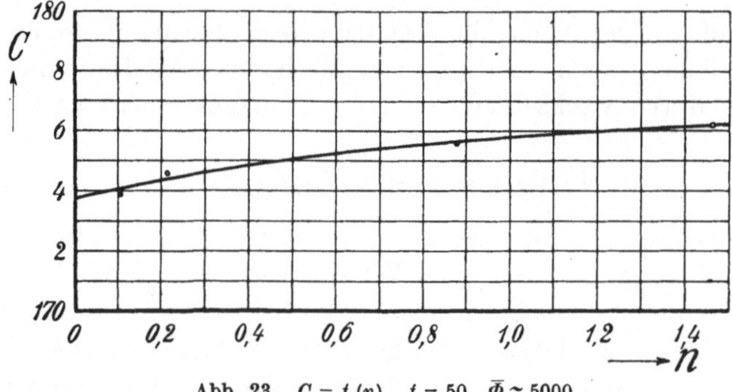

Abb. 23. $C = f(n)$. $f = 50$ $\overline{\Phi} \approx 5000$.

etwa 1,5%. Diese Änderung ist auf die Änderung der Übertemperatur der Scheibe zurückzuführen, und zwar ist diese Übertemperatur bei höheren Drehzahlen infolge besserer Abkühlungsverhältnisse um etwa 4° niedriger. Die Übertemperatur ist ausschließlich durch die durch Transformation induzierten Ströme (Triebströme) bedingt. Die Bremsströme selbst können keine merkliche Temperaturerhöhung verursachen.

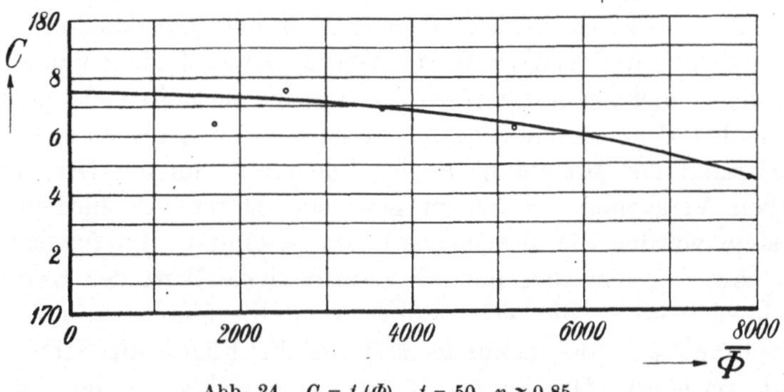

Abb. 24. $C = f(\Phi)$. $f = 50$ $n \approx 0,85$.

Der Versuch läßt den Schluß zu, daß, wenn man von der Temperaturerhöhung absieht, das Bremsmoment proportional der Drehzahl ist. Es ist also keine merkliche Rückwirkung der Bremsströmung, die eine Abnahme von C mit steigender Drehzahl zur Folge hätte, vorhanden.

2. Bei $n \approx$ const. und $f =$ const. wurde C als Funktion von $\overline{\Phi}$ bestimmt. Die Ergebnisse eines dieser Versuche, der bei $n \approx 0,85$ und $f = 50$ ausgeführt worden ist, zeigt die Abb. 24.

Es ist eine geringe Abnahme der Bremskonstante mit wachsendem $\overline{\Phi}$ festzustellen. Dieses dürfte wieder ausschließlich auf den Einfluß der Erwärmung durch die Triebströme zurückzuführen sein. Solange

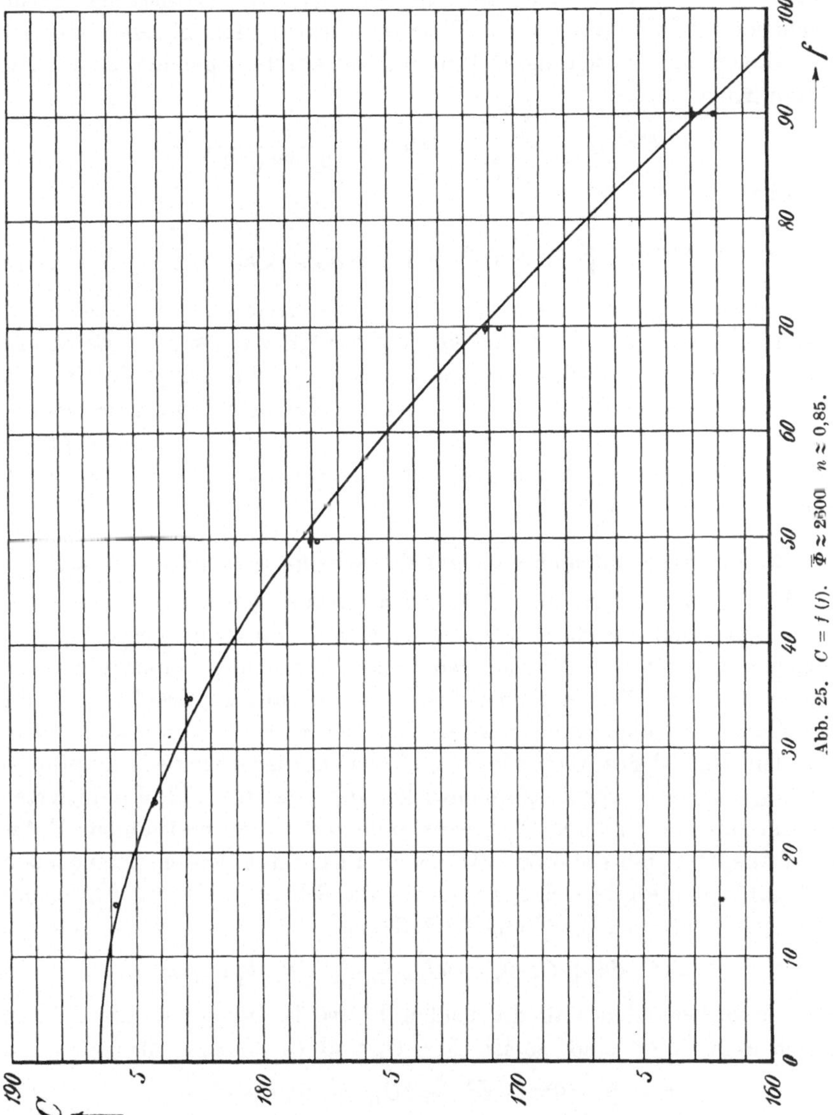

die Erwärmung der Scheibe zu vernachlässigen ist, kann angenommen werden, daß $C = $ konstant.

3. C als Funktion von f bei $n \approx$ const. und $\Phi \approx$ const. Abb. 25 zeigt die Versuchsergebnisse für $\overline{\Phi} \approx 2600$ und $n \approx 0,85$, wobei die mit Kreisen bezeichneten Punkte die eigentlichen Versuchsresultate be-

deuten; die etwas höher liegenden, durch Kreise mit horizontalen Strichen bezeichneten ergeben sich, wenn man den Einfluß der Erwärmung auf Grund der Versuchsergebnisse Abb. 24 berücksichtigt. Dabei wird angenommen, daß bei gleicher, die Triebströme verursachenden EMK die gleiche Übertemperatur der Scheibe auftritt. Die Gleichung der sich diesen Punkten gut anschmiegenden, eingezeichneten Kurve lautet:

$$C = C_0 \frac{1'}{1 + \zeta f^2} = 186,4 \frac{1}{1 + 0,000018\, f^2} \quad {}^{1})$$

also ist

$$\cos\varphi = \sqrt{\frac{1}{1 + \zeta f^2}} = \sqrt{\frac{1}{1 + 0,000018\, f^2}}.$$

Hieraus ergibt sich bei $f = 50$ die Phasenverschiebung der Triebströmung gegen den Fluß bzw. gegen die EMK zu $\varphi \approx 12°$. Es ist also zu ersehen, daß bei den Bremsströmen die Induktivität der Scheibe eine noch größere Rolle spielt als bei den Triebströmen, insbesondere, da auch hier bei ausgeführten Zählern die Phasenverschiebung größer ausfällt als bei dem benutzten Versuchsapparat. Dieses bestätigten auch weitere Versuche.

b) Versuche mit mehreren auf die Scheibe wirkenden Flüssen.

Von diesen mögen die folgenden angeführt werden.

1. Man ließ auf die Scheibe zwei gleiche Elektromagnete von der gleichen Gestalt wie der bei den obigen Versuchen benutzte wirken, wobei der eine Elektromagnet fest und der andere drehbar um die Scheibenachse angeordnet gewesen ist. Der Versuch wurde ausgeführt, um den Einfluß des Abstandes der Flüsse auf die Größe des Dämpfungsgliedes, welches durch Zusammenwirken der von einem Fluß induzierten Ströme mit dem anderen Flusse zustande kommt, zu bestimmen. Unter der Annahme, daß die Bremsströme in Phase mit den sie erzeugenden Flüssen liegen, ergibt sich für zwei auf die Scheibe wirkende Flüsse das Bremsmoment nach Gleichung (5) S. 33 zu

$$B = [C_1\, \Phi_1^2 + C_2\, \Phi_2^2 - (C_{1,2} + C_{2,1})\, \Phi_1\, \Phi_2 \cos\psi] \cdot n\,.$$

Da im vorliegenden Fall die beiden Flüsse in bezug auf die Scheibe gleich angeordnet sind, so ist $C_2 = C_1$ und $C_{2,1} = C_{1,2}$, also

$$B = [C_1\, (\Phi_1^2 + \Phi_2^2) - 2\,C_{1,2}\, \Phi_1\, \Phi_2 \cos\psi] \cdot n\,.$$

Die Messungen wurden bei vier verschiedenen gegenseitigen Lagen der Polspuren, die in Abb. 26 dargestellt sind, ausgeführt. Bei jeder Lage wurden dabei die in Reihe liegenden Erregerwicklungen der Elektromagnete einmal so geschaltet, daß die beiden Flüsse in bezug

---

${}^{1})$ Siehe hierzu S. 39.

auf die Scheibe die gleiche Richtung, das andere Mal die entgegengesetzte Richtung hatten, also $\psi = 0$ und $\psi = 180°$. Aus den beiden Messungen läßt sich dann für jede Lage C_1 und $C_{1,2}$ berechnen. Die Ergebnisse des Versuches zeigt die nachfolgende Tabelle.

Lage	C_1	$C_{1,2}$
A	173,2	0,42
B	173,5	0,57
C	173,1	3,5
D	171,0	31,5

Es ist zu ersehen, daß C_1, wie dies zu erwarten war, praktisch unverändert bleibt und $C_{1,2}$ mit Abnahme des Abstandes der beiden Polspuren wächst, wobei es in der mit D bezeichneten Lage schon ziemlich groß ist.

Es sei hier noch bemerkt, daß die beobachteten Variationen von C_1, soweit sie die Beobachtungsfehler übersteigen, dadurch zu erklären sind, daß bei einem kleinen Abstand der beiden Flüsse voneinander

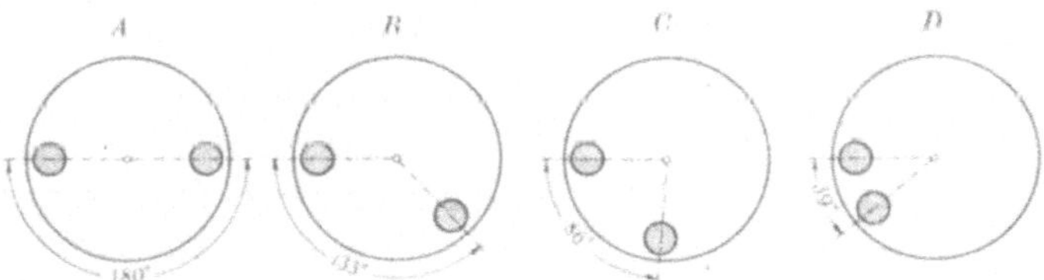

Abb. 26. Anordnung der Polspuren beim Versuch mit veränderlichem Abstand der Flüsse.

dieselben sich gegenseitig beeinflussen und die Verteilung der Flußlinien sich etwas ändert, je nachdem die Flüsse die gleiche oder entgegengesetzte Richtung haben. Diese Erscheinung kann unter Umständen eine gewisse Bedeutung haben.

Wie oben gezeigt worden ist, ist die Annahme, daß die Induktivität der Scheibe zu vernachlässigen ist, nicht ganz zutreffend. Berücksichtigt man die Induktivität, so ergibt sich das Bremsmoment nach Gleichung (10) Seite 39 zu

$$B = [C_1' \, \Phi_1^2 \cos^2\varphi_1 + C_2' \, \Phi_2^2 \cos^2\varphi_2 - C_{1,2}' \, \Phi_1 \cos\varphi_1 \, \Phi_2 \cos(\psi - \varphi_1)$$
$$- C_{2,1}' \, \Phi_2 \cos\varphi_2 \, \Phi_1 \cos(\psi + \varphi_2)] \cdot n \, .$$

Im vorliegenden Fall kann angenommen werden, daß $\varphi_1 = \varphi_2 = \varphi$ ist. Berücksichtigt man ferner die oben angeführten Beziehungen zwischen den Konstanten, die hier zur Unterscheidung mit einem Strich gekennzeichnet werden, so ergibt sich

$$B = \{C_1' \cos^2\varphi \, (\Phi_1^2 + \Phi_2^2) - C_{1,2}' \cos\varphi \, \Phi_1 \, \Phi_2 \, [\cos(\psi - \varphi) +$$
$$\cos(\psi + \varphi)]\} \cdot n = [C_1' \cos^2\varphi \, (\Phi_1^2 + \Phi_2^2) - 2C_{1,2}' \cos^2\varphi \, \Phi_1 \, \Phi_2 \cos\psi] \cdot n \, .$$

Man sieht, daß C_1' und $C_{1,2}'$ sich aus C_1 und $C_{1,2}$ durch Multiplikation mit $1/\cos^2\varphi$ ergeben.

2. Es wurde ein Versuch ausgeführt, um die Größe des die beiden Flüsse enthaltenden Dämpfungsgliedes bei beliebiger Phasenverschiebung ψ zwischen den Flüssen zu bestimmen. Dieses läßt sich praktisch bei zwei auf die Scheibe wirkenden Flüssen nicht ausführen, da die beiden gegeneinander phasenverschobenen Flüsse (mit Ausnahme des Falles, daß $\psi = 0$ oder 180°) ein Drehmoment auf die Scheibe ausüben. Diese Erscheinung war auch der Grund dafür, daß man bei dem unter 1. beschriebenen Versuch nur mit $\psi = 0$ und $\psi = 180°$ gearbeitet hat. Es wurden deshalb vier Elektromagnete verwendet.

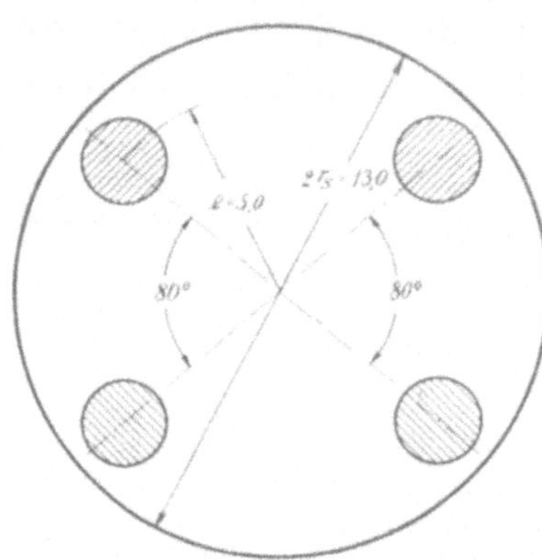

Abb. 27. Anordnung der Polspuren beim Versuch mit veränderlicher Phasenverschiebung der Flüsse.

Die Anordnung der Flüsse zeigt die Abb. 27. Die Flüsse, deren Polspuren in der Abbildung in gleicher Weise schraffiert sind, haben jeweils die gleiche Richtung. Die Bewicklungen der entsprechenden Elektromagnete liegen in Serie. Ein Paar der Elektromagnete wurde dabei nicht direkt an den Generator, sondern über einen Phasenschieber angelegt. Bei dieser Anordnung der Flüsse erzeugen zwei gegeneinander in Phase verschobene, also Flüsse verschiedener Schraffur ein Drehmoment. Die beiden zustande kommenden Drehmomente heben sich jedoch auf.

Der Versuch hat die für das Bremsmoment aufgestellten Beziehungen bestätigt. Die gewonnenen Ergebnisse können jedoch keinen Anspruch auf hohe Genauigkeit machen. Es soll aus diesem Grund von ihrer Wiedergabe abgesehen werden. Zweckmäßiger wäre die Untersuchung der Erscheinungen, die sich bei mehreren Flüssen abspielen, in der Weise, daß man mit zwei auf einer Achse sitzenden Bremsscheiben arbeitet und auf jeder dieser Bremsscheiben jeweils die gleichen Elektromagnete aufsetzt, die so geschaltet sind, daß sich die störenden Drehmomente jeweils aufheben. Es ist geplant, weitere Versuche in dieser Richtung vorzunehmen.

IV. Einzelheiten über die vom Verfasser benutzten Apparate und über die Ausführung der Versuche.

1. Versuche über Triebströme.

a) Versuchsapparate.

Zur Erzeugung des Flusses wurde ein Elektromagnet nach Abb. 28 benutzt. Das Eisenpaket besteht aus zwei Teilen, die durch eine Lasche zusammengehalten werden und ist aus 0,3 mm starkem hochlegiertem Transformatorenblech mit stärkeren Deckblechen aus gewöhnlichem Blech zusammengebaut. Die Pole sind rund und haben einen Durchmesser von 1,9 cm. Unter Berücksichtigung der Streuung dürfte der Durchmesser des Flusses, der die Scheibe durchsetzt, zu etwa 2,0 cm angenommen werden (also $r_0 = 1,0$)[1]). Die Länge des Luftspaltes beträgt 0,06 cm. Der Elektromagnet ist auf einer Holzplatte montiert gewesen, an der sich Anschläge befanden, um die Scheibe stets in gleicher Weise in den Luftspalt einzufügen. Auf den Schenkeln des Elektromagneten oberhalb und unterhalb der Scheibe befinden sich zwei Holzspulen, die mit je 100 Windungen seidenumsponnenem Kupferdraht $d = 0,09$ mm bewickelt sind. Oberhalb bzw. unterhalb dieser Spulen befinden sich Spulenkörper aus Pappe, von denen jeder mit zwei getrennten, gleichzeitig aufgewickelten Wicklungen zu etwa 1250 Windungen seidenumsponnenem Kupferdraht $d = 0,25$ mm bewickelt ist. (Die Windungszahl sollte genau 1250 betragen; eine Kontrolle nach den Versuchen ergab, daß eine der Spulen 1250, die andere 1256 Windungen hatte.)

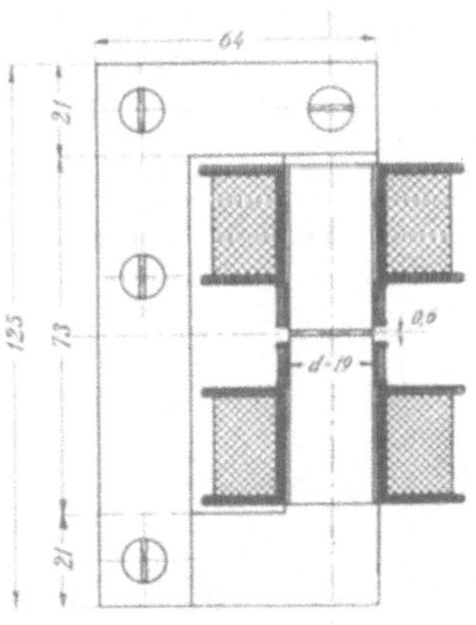

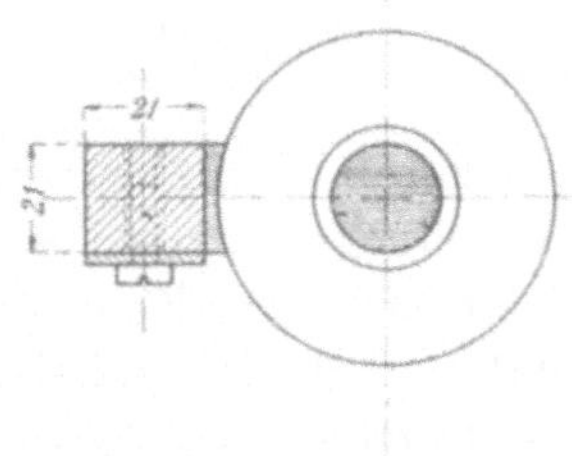

Abb. 28. Der bei der experimentellen Bestimmung der Triebströme benutzte Elektromagnet.

---

[1]) s. Schmiedel, l. c. (Fußnote 2, S. 1) S. 65.

Es wurde eine Kupferscheibe, Durchmesser $2\,r_s = 13{,}0$ cm und Dicke $\vartheta \approx 0{,}06$ cm, benutzt. Der Abstand des Mittelpunktes der Polspur vom Scheibenmittelpunkt wurde zu $e = 4{,}0$ cm gewählt.

Der bei der Messung benutzte Wechselstromkompensator wird noch unter V. genau beschrieben. Die übrigen Apparate sind allgemein bekannt, so daß sich ihre Beschreibung erübrigen dürfte.

b) Ausführung der Versuche.

Die benutzte Schaltung zeigt die Abb. 29. Je eine der Wicklungen, die auf den Pappspulen aufgebracht sind, dient als Erregerwicklung und ist in der Abbildung mit *1* bezeichnet. Die Wicklungen beider Spulen sind in Reihe geschaltet und liegen unter Vorschaltung eines Normalwiderstandes R_N an den Sekundärklemmen eines Stromwandlers, der primär unter Vorschaltung einer Drossel und eines Amperemeters an den einen Generator eines Doppelmaschinensatzes angeschlossen ist. Der zweite Generator speist den Wechselstromkompensator. Ferner liegen an den Sekundärwicklungen des Wandlers ein Voltmeter und ein regelbarer, induktionsfreier Widerstand R. Da der Magnetisierungsstrom des Wandlers gegenüber der Stromaufnahme des Widerstandes R und des Voltmeters klein ist, so verhält sich der Wandler von der Primärseite aus betrachtet im wesentlichen wie ein induktionsfreier Widerstand. Der Primärstrom ist infolge der eingeschalteten eisenfreien Drossel[1] praktisch sinusförmig und infolgedessen ist die sekundäre Klemmenspannung des Wandlers, also annähernd auch der Fluß des angeschlossenen Magneten gleichfalls sinusförmig. Dieses bietet bei der Kompensationsmessung Vorteile. Es sei noch bemerkt, daß die höheren Harmonischen im vorliegenden Fall auf das Ergebnis der Messung an und für sich keinen Einfluß haben, da bei der Messung aller Größen nur die Grundwelle in Erscheinung tritt[2]. Die beiden anderen Spulen mit je 1250 Windungen sind gleichfalls in Reihe geschaltet; an die freien Enden wurde bei einigen Versuchen eine Kapazität C angeschlossen.

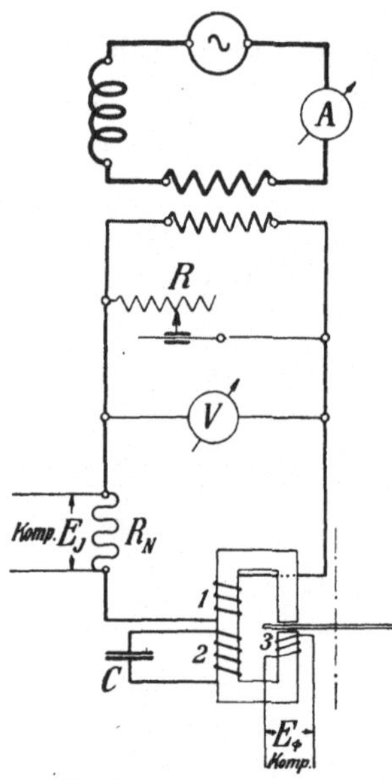

Abb. 29. Schaltung bei den Versuchen über Triebströme.

---

[1]) Die Drossel wurde, wie unter V. erwähnt, aus flachen Transformatorenspulen aufgebaut.

[2]) Näheres hierzu siehe unter V.

Mit Hilfe des Wechselstromkompensators wurden die Klemmenspannung E_J am Widerstand R_N, also auch der von der Erregerwicklung aufgenommene Strom, ferner die in den in Reihe geschalteten und mit 3 bezeichneten Prüfspulen induzierte EMK E_Φ ihrer Größe und Lage nach bestimmt.

Bei offener Wicklung *2* ergibt sich das in Abb. 30a gezeichnete Diagramm. Der ohne Scheibe aufgenommene Strom J_0 eilt um den Winkel φ_0 der (umgeklappten) EMK E (bzw. der in der Prüfspule induzierten EMK E_Φ) nach, der mit Scheibe gemessene Strom J, um

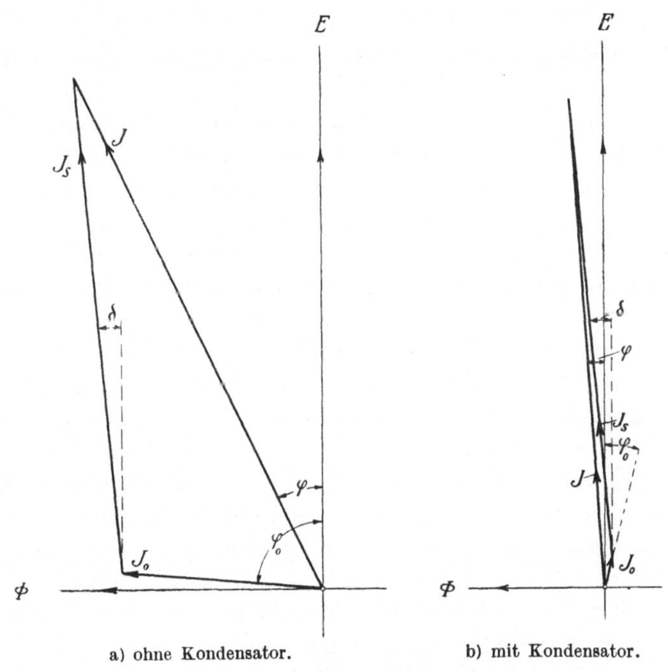

a) ohne Kondensator.   b) mit Kondensator.

Abb. 30. Diagramm zur Bestimmung der Scheibenströmung.

den kleineren Winkel φ. Die Differenz der beiden Ströme ergibt den Scheibenstrom J_S, bezogen auf die Windungszahl der magnetisierenden Wicklung.

Man sieht aus dem Diagramm, daß die Verhältnisse in meßtechnischer Hinsicht insofern verbesserungsbedürftig sind, als durch einen kleinen Fehler in der Bestimmung der Größe der Ströme und deren Lage ein größerer Fehler in dem besonders interessierenden Winkel δ begangen wird.

Aus diesem Grunde wurde an die Wicklung *2* ein Kondensator angelegt, dessen Größe so gewählt worden ist, daß der Magnetisierungsstrom durch den kapazitiven Strom nach Möglichkeit aufgehoben wird.

In diesem Fall ergibt sich das für sonst gleiche Verhältnisse wie oben gezeichnete Diagramm Abb. 30b. Man sieht, daß dieses Vorteile bieten müßte. Es möge noch erwähnt sein, daß als Beispiel ein Diagramm gewählt worden ist, bei dem bei Belastung mit dem Kondensator der Strom J_0 noch eine verhältnismäßig große Phasenverschiebung gegen die EMK aufweist. Bei den Diagrammen, die das Resultat anderer ausgeführten Messungen darstellen, ist dieser Winkel noch viel kleiner.

Die Meßergebnisse sind in Tabelle 1 zusammengestellt [1]). Die Auswertung wurde auf graphischem Wege vorgenommen, wobei die Diagramme im großen Maßstabe gezeichnet worden sind.

Die bei zwei verschiedenen Werten von E_Φ und den Frequenzen $f \approx 25$, ≈ 50 und ≈ 90 ausgeführten Messungen zeigen, daß sich für den Winkel δ bei Messungen mit und ohne Kondensator praktisch die gleichen Werte ergeben. Dagegen ist der bei den Messungen mit Kondensator ermittelte Scheibenstrom J_S stets um mehrere Prozente kleiner als ohne Kondensator. Um festzustellen, welcher der beiden Werte von J_S genauer ist, sowie um überhaupt eine unmittelbare Kontrolle der Richtigkeit der Messung zu haben, wurde noch ein Versuch ausgeführt, bei dem an Stelle der Scheibe eine scheibenförmige Spule von etwa 9 cm äußerem, 8 cm innerem Durchmesser und etwa 3 mm Höhe die Pole des Elektromagneten umschlingt. Die Bewicklung der Spule besteht aus zwei gleichzeitig aufgebrachten Wicklungen von je 60 Windungen. Die eine Wicklung besteht aus Kupferdraht von 0,45 mm Durchmesser, die andere aus solchem von 0,1 mm. Wenn die stärkere Wicklung über einen bekannten Ohmschen Widerstand geschlossen wird, so läßt sich durch Messung des Spannungsabfalles am Schließungswiderstand der Strom in der Wicklung seiner Lage und Größe nach unmittelbar messen. Die dünne Wicklung dient zur Messung des gesamten von der Spule umfaßten Flusses.

Die Versuchsergebnisse, die in Tabelle 2 zusammengestellt sind, zeigen, daß die Bestimmung des Winkels δ aus der Messung des Stromes bei offener und geschlossener Spule (entsprechend der Messung mit und ohne Scheibe) mit und ohne Kondensator ziemlich genau ist. Die Abweichungen übersteigen kaum die Ungenauigkeit der Ablesung der Winkellage auf dem Phasenschieber. Dagegen ist die Messung des Stromes (bzw. Amperewindungszahl) beim Anschluß des Kondensators mit einem Fehler von einigen Prozenten behaftet. Allerdings wurde ein solcher Fehler auch bei einer der Messungen ohne Kondensator festgestellt, dieser Fehler dürfte jedoch auf ein Versehen beim Ablesen der Meßwerte zurückzuführen sein. Für die größere Genauigkeit der

---

[1]) s. auch II, 4, S. 24.

bei den Versuchen ohne Kondensator gewonnenen Werte des Scheibenstromes spricht auch die gute Übereinstimmung derselben mit den berechneten. Aus diesem Grunde wurde bei der Bildung des Mittelwertes aus den verschiedenen gemessenen Werten des Scheibenstromes nur diejenigen, die ohne Kondensator gewonnen wurden, berücksichtigt.

Für die Ursache der größeren Fehler der Messung mit Kondensator wurde bis jetzt keine Erklärung gefunden.

Die Unterlagen zur Konstruktion der Strömung Abb. 10 sind in Tabelle 3 wiedergegeben.

2. Untersuchungen über Bremsung.

a) Apparat zur Messung des Bremsmomentes.

Das rotierende System des Apparates (Abb. 31) besteht aus einer auf einer gemeinschaftlichen Achse sitzenden Bremsscheibe und dem Anker des geeichten Antriebmotors (gegenseitiger Abstand etwa 13,5 cm). Bei den beschriebenen Versuchen wurde, wie früher erwähnt, als Bremsscheibe eine Aluminiumscheibe $d = 13$ cm, $\vartheta \approx 0,12$ cm und $\varkappa \approx 34$ benutzt. Der Anker des Motors ist als Scheibenanker ausgebildet und besteht aus einer Glimmerscheibe ($d = 11$ cm), auf der drei flache Spulen[1]) befestigt sind (Daten der Wicklung siehe Tabelle 4). Der Kollektor ist besonders klein im Durchmesser gehalten ($d \approx 1,2$ mm). Ferner ist der Bürstendruck kleiner als sonst üblich gewählt. Beide Maßnahmen haben den Zweck, die Reibung so weit wie möglich zu verringern. Die Achse wird durch einen auf einer Edelsteinpfanne laufenden, kugelförmig geschliffenen und gehärteten Stahlzapfen getragen. Das Oberlager ist als Halslager ausgebildet. Als Felderregung des Motors dienen zwei permanente Magnete[2]).

Über die Bremsscheibe können nach Bedarf permanente Magnete oder Elektromagnete beliebiger Form geschoben werden. In Abb. 31 ist die Anordnung mit zwei der benutzten Elektromagnete mit runden Polen gezeigt, wobei der rechte auf einem drehbaren Arm befestigt ist.

Als Träger für die einzelnen Teile dient eine U-förmige Eisenschiene. Die Art der Montage ist aus der Abbildung deutlich zu ersehen. Es sei noch bemerkt, daß die Schiene ziemlich lang gewählt worden ist, damit man nach Bedarf mit einer längeren Achse mit mehreren Bremsscheiben arbeiten kann.

---

[1]) Gleiche Form wie bei den Ankern der Magnetmotorzähler, Modell A 3 der SSW.

[2]) Gleicher Gestalt wie beim A 3-Zähler (siehe Fußnote 1).

Das vom Antriebsmotor entwickelte Drehmoment berechnet sich zu

$$D = \frac{E_a J_a}{2\pi n} \cdot 10^7 = \frac{E_a}{n} J_a \cdot 1{,}5915 \cdot 10^6 \, \mathrm{Dyn} \cdot \mathrm{cm} \qquad {}^1)$$

wobei J_a die Ankerstromstärke in Ampere, E_a die (Gegen —) EMK des Ankers in Volt und n die Drehzahl pro Sekunde bedeuten.

$\frac{E_a}{n}$ ist für einen gegebenen Apparat eine konstante Größe. (Im vorliegenden Fall kann die Ankerrückwirkung vernachlässigt werden.) In Anbetracht dessen, daß man bei dem beschriebenen Apparat mit kleinen Größen zu tun hat, ist es bequemer J_a in Milliampere und E_a in Millivolt auszudrücken. In diesem Fall ergibt sich also

$$D = \frac{E_a}{n} J_a \cdot 1{,}5915 = M J_a \, \mathrm{Dyn} \cdot \mathrm{cm} \qquad (1)$$

wobei $M = \frac{E_a}{n} \cdot 1{,}5915$ als die Motorkonstante bezeichnet sein möge.

Das zu messende Bremsmoment ergibt sich zu $B = D - r$, wobei r das Drehmoment der Reibung des rotierenden Systems ist. Die Art der Berücksichtigung der Reibung sowie die übrigen Korrektionen werden weiter unten eingehend behandelt.

Bei den unter III, 4 behandelten Versuchen wurden Bremselektromagnete im wesentlichen von der gleichen Form und gleichen Dimensionen benutzt, wie der bei den Versuchen über Triebströme angewandte. Von dem in Abb. 28 gezeichneten unterscheiden sich dieselben nur durch etwas größere Durchmesser der Kerne $d \approx 2{,}1$ cm und größeren Luftspalt (etwa 0,25 cm). Ferner besteht die magnetisierende Wicklung (als Hauptstromwicklung ausgeführt) aus zwei Spulen mit je 30 Windungen, Kupferdraht $1{,}1 \times 2{,}0$ mm (Isolation zweifache Baumwollumspinnung). Die Daten der Spulen zur Messung des Flusses sind die gleichen wie früher ($s = 100$, $d = 0{,}09$ mm, zweifache Seidenumspinnung).

b) Die übrigen Apparate.

Wie die unter a) angeführte Gleichung (1) zeigt, ist zur Bestimmung des Drehmomentes die Kenntnis der Ankerstromstärke und der Drehzahl erforderlich. Die bei der Messung der Ankerstromstärke benutzten Apparate sind bei der Beschreibung der einzelnen Versuche näher behandelt.

${}^1)$ Diese Beziehung folgt aus der Gleichheit der abgegebenen mechanischen Leistung $2\pi r p n \cdot 10^{-7} = 2\pi D n \cdot 10^{-7}$ Watt und der elektrischen Leistung des Ankers $E_a J_a$. Hierin bedeutet p die Umfangskraft und r den Radius, an dem dieselbe wirkt.

Abb. 31. Apparat für Bremsversuche.

Die Drehzahl wurde nach der an anderer Stelle beschriebenen Methode mit Hilfe der Selenzelle bestimmt[1] (Der für die Durchführung der Messung erforderliche Spiegel ist in Abb 31 zu sehen.) An dieser Stelle möge nur noch einiges über den verwendeten Chronographen

Abb. 32. Ansicht der Anordnung zur Bestimmung der Bremsmomente.

gesagt werden, da derselbe auch zur Eichung des benutzten Frequenzmessers diente (s. S. 103). Dieser auf dem Drehspulprinzip beruhende

[1] Gewecke und v. Krukowski, „Neues Zählereichverfahren". E. T. Z. **39**, 356. 1918.

Apparat besteht aus einem gut geschlossenen Eisenkern mit zwei Erregerwicklungen, der zwei Luftspalte besitzt, in denen sich Drehspulen befinden. Die Schreibfedern sind als Kapillarheber ausgebildet. Der Antrieb des Papierstreifens erfolgt mit Hilfe eines Elektromotors, der durch eine Wirbelstrombremse belastet ist. Auf diese Weise ist die Drehzahl des Motors wenig von der veränderlichen Belastung durch den Papierstreifen abhängig. Auch Spannungsschwankungen des Netzes werden zum Teil ausgeglichen, da die Erregung des Elektromagneten der Wirbelstrombremse an der gleichen Spannung wie der Anker des Elektromotors liegt.

Die Messung der Flüsse erfolgt wie früher mit dem Wechselstromkompensator.

Abb. 32 zeigt die allgemeine Anordnung der Apparatur bei der Bestimmung der Bremskraft bei vier auf der Scheibe sitzenden Elektromagneten.

c) Ausführung der Messungen und deren Resultate.

1. Bestimmung der Daten des Antriebsmotors. Es wurden die Widerstände der Ankerspulen und die EMK E_a für einige Drehzahlen bestimmt. Daraus läßt sich der Wert $\dfrac{E_a}{n}$ und die Motorkonstante M berechnen.

Zur Bestimmung der EMK wurde das rotierende System von der Aluminiumscheibe aus, die in diesem Fall als Rotor eines Induktionsmotors diente, angetrieben. Dieses erfolgte in der Weise, daß man auf die Aluminiumscheibe vier Elektromagnete wirken ließ (Anordnung wie bei einem der Bremsversuche), wobei die Schaltung der Erregerwicklungen so getroffen worden ist, daß zwei der Flüsse miteinander ein Drehmoment erzeugt haben, die übrigen zwei nur zur Vergrößerung der im Interesse der Erzielung konstanter Drehzahl erwünschten stärkeren Bremsung dienten. Die Änderung der Drehzahl erfolgte durch Änderung der Verschiebung zwischen den Strömen in beiden Triebeisen. Die EMK wurde mit Hilfe eines empfindlichen Spannungszeigers gemessen. Die Meßergebnisse sind in Tabelle 4 zusammengestellt. Es ergab sich $\dfrac{E_a}{n} = 64{,}61$ und $M = 102{,}83$.

2. Bestimmung des Reibungsmomentes r. Es wurde die zum Überwinden des Reibungsmomentes erforderliche Stromstärke, die mit J_r bezeichnet sein möge, als Funktion der Drehzahl bestimmt. Das Reibungsmoment selbst ergibt sich zu

$$r = M\,J_r\,.$$

Dieser Wert wurde nicht ausgerechnet, da es zur Anbringung der Reibungskorrektion genügt, J_r zu kennen. Bedeutet J_a die bei dem

Bremsversuch gemessene Ankerstromstärke, so ergibt sich die Ankerstromstärke J_B, die dem Bremsmoment entspricht, zu

$$J_B = J_a - J_r .$$

Die bei der Bestimmung von J_r benutzte Schaltung zeigt die Abb. 33. Die Ankerstromstärke wird bestimmt durch Messung des Spannungsabfalles an einem in Serie mit dem Anker liegenden Normalwiderstand R_N, an dessen Klemmen das Millivoltmeter mV liegt. Zwecks Änderung des Meßbereiches ist dem Millivoltmeter ein Vorschaltwiderstand R_V vorgeschaltet. Der Anker A ist unter Zwischenschaltung des Stromwenders U angeschlossen, damit man bei beiden Drehrichtungen beobachten kann. Die Reihenschaltung von A und R_N liegt an einem Nebenschlußwiderstand R_S, der von dem von der Akkumulatorenbatterie gelieferten Strom J durchflossen wird. Infolge der Kleinheit von J_r ist die Drehzahl des Ankers im stationären Zustande wie bei einem Nebenschlußmotor so groß, daß die Anker-EMK praktisch gleich der aufgedrückten Spannung ist und hängt wenig von kleinen Stromschwankungen im Ankerkreis ab. Das Arbeiten mit einem bestimmten durch den Anker geschickten Strom ist in diesem Fall nicht zweckmäßig, da infolge kleiner Variationen der Reibung bei konstantem Strom, also bei konstantem Drehmoment, die Drehzahl sich fortwährend ändern würde. Indes könnte auch in dieser Schaltung noch beobachtet werden, da die Drehzahl des Ankers

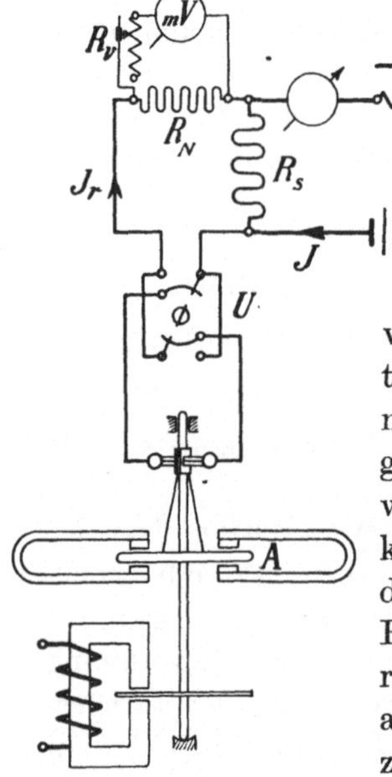

Abb. 33. Schaltung bei der Bestimmung des Reibungsmomentes.

infolge seines hohen Trägheitsmomentes nicht sofort jeder Änderung der Reibung folgt.

Es wurde eine Reihe Kurven $J_r = f(n)$ (Abb. 34) aufgenommen. (Einzelheiten enthält die Tabelle 5.)

Kurve A bei abgenommenen Magneten.

Kurve A' Kontrollmessung von A, wobei bei diesem Versuch bei jeder Drehzahl bei beiden Drehrichtungen des Ankers gemessen worden ist. Es ergab sich kein Unterschied in der Größe von J_r bei beiden Drehrichtungen.

Kurve B bei einem aus Messing nachgebildeten aufgesetzten Elektromagneten. Die Differenz der Werte B und A gibt die Größe der zusätzlichen Luftreibung, die durch den engen Luftspalt des Elektromagneten bedingt ist.

Kurve C bei einem aufgesetzten Elektromagneten, der vor dem Versuch sorgfältig entmagnetisiert worden ist[1]). Zwischen den Kurven B und C besteht praktisch kein Unterschied (C liegt sogar etwas niedriger als B). Dieses beweist, daß die Entmagnetisierung des Elektromagneten vollkommen ist.

Die Kurven D und E sind Kontrollmessungen unter den gleichen Verhältnissen wie die Kurve C. Diese Kurven wurden zwischen einzelnen Bremsversuchen aufgenommen.

Kurve F mit zwei Elektromagneten.

Kurve G mit vier Elektromagneten.

Bei der Auswertung der Bremsversuche wurden bei Messungen mit einem Elektromagneten für J_r die Mittelwerte genommen, die sich

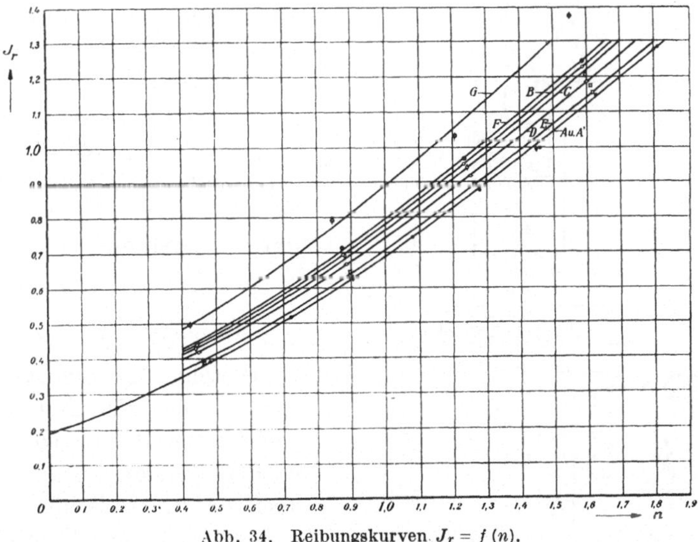

Abb. 34. Reibungskurven $J_r = f(n)$.

aus den Kurven, die vor und nach dem Bremsversuch aufgenommen worden sind, ergeben.

3. Die eigentlichen Bremsversuche. Bei den Bremsversuchen, bei denen die in Abb. 35 gezeichnete Schaltung angewandt worden ist, wurde ein bestimmter Strom durch den Anker geschickt und die dazugehörige Drehzahl n des Ankers bestimmt. Zur Erzielung der erforderlichen Meßgenauigkeit genügt es nicht, J_a mit Hilfe eines Zeigerinstrumentes zu messen. Aus diesem Grunde wurde hier die Kompensationsmethode angewandt.

---

[1]) Die Entmagnetisierung wurde vorgenommen, indem man zuerst den Elektromagneten mit Wechselstrom erregt hat und dann den Maschinensatz auslaufen ließ. Auf diese Weise sinkt die Stromstärke kontinuierlich auf Null herab.

In Reihe mit dem Anker liegt ein Widerstand R_c (Kompensationswiderstand), von dem der aus dem Normalelement E_N, dem Galvanometer G und dem Ballastwiderstand R_V bestehende Kompensationszweig angeschlossen ist. Zur Erleichterung der Grobeinstellung des Ankerstromes dient das Milliamperemeter mA. Als Stromquelle wurde eine Batterie von etwa 80 Volt benutzt. Da die während einer Umdrehung schwankende Klemmenspannung des Ankers höchstens $1 \div 2$ Volt beträgt, so wird der größte Teil der Spannung in dem zur Einstellung der richtigen Stromstärke dienenden Vorschaltwiderstand vernichtet und auf diese Weise ein praktisch konstanter Strom J_a erreicht. Die Schaltung auf der Wechselstromseite wurde nach Bedarf variiert. Im Schaltbild ist nur ein Bremselektromagnet, der über eine Drosselspule an den Wechselstromgenerator angeschlossen ist, angedeutet.

Aus der gemessenen Ankerstromstärke J_a ergibt sich der dem Bremsmoment entsprechende Strom J_B, wie oben unter 2. erläutert zu

$$J_B = J_a + k_r ,$$
$$\text{wo } k_r = -J_r \text{ ist.}$$

Besteht die Bremsscheibe, wie dies hier der Fall ist, aus einem Material von nicht zu vernachlässigendem Temperaturkoeffizienten, so ist das Bremsmoment von der Temperatur abhängig. Es wurde aus diesem

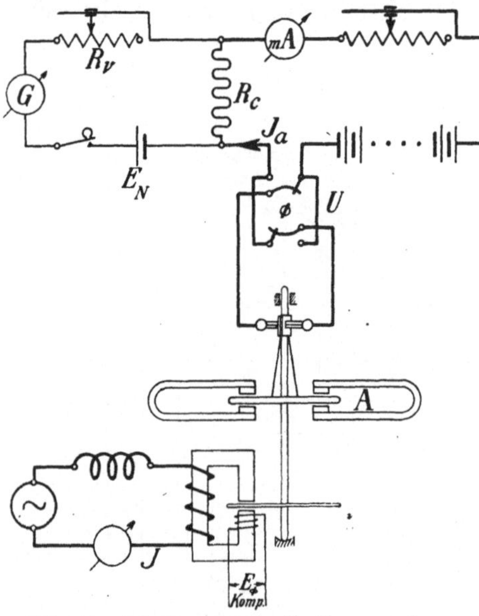

Abb. 35. Schaltung bei der Bestimmung der Bremsmomente.

Grund der aus J_a und J_r sich ergebende Wert von J_B unter Annahme eines Temperaturkoeffizienten von Aluminium [1] $\alpha = 0,0037$ auf die Normaltemperatur von $20°$ umgerechnet [2]. Die Temperaturkorrektion berechnet sich für eine Temperatur τ [3]) zu

$$k_\tau = (J_a + k_r)(\tau - 20°)\, 0,0037 .$$

τ wurde mit Hilfe eines Thermometers bestimmt, dessen Gefäß sich

---

[1]) Bezogen auf $20°$.

[2]) Eine zweite Möglichkeit, die Temperaturkorrektion anzubringen, wäre die gemessene Drehzahl auf die Normaltemperatur umzurechnen.

[3]) Als Formelzeichen für die Temperatur wurde τ gewählt, da mit den von AEF vorgesehenen Buchstaben t und ϑ die Zeit und die Scheibendicke bezeichnet werden.

bei allen Versuchen an gleicher Stelle unmittelbar über der Scheibe befand.

Der korrigierte Wert von J_B ergibt sich zu

$$J_B = J_a + k_r + k_\tau \, .$$

Durch das angeführte Verfahren wird der Strom J_B natürlich nicht auf eine Scheibentemperatur von 20°, sondern auf 20° Temperatur der unmittelbaren Umgebung der Scheibe reduziert Da es sich jedoch bei den Versuchen nur um relative Werte der Bremskonstante handelt, so sind die Meßergebnisse einwandsfrei. Die Bestimmung der wahren Temperatur der Scheibe selbst ist praktisch nicht ausführbar, insbesondere da die Temperatur der Scheibe von Punkt zu Punkt verschieden ist.

Es wäre strenggenommen nötig, noch eine kleine Temperaturkorrektion an der Motorkonstante M anzubringen, da bei Änderung der Temperatur der Fluß der Feldmagnete sich ändert. Diese Korrektion beträgt etwa $- 0,5 : 0,7^0/_{00}$ für 1° Temperaturerhöhung. Sie wurde jedoch, da bei einem und demselben Versuch die Zimmertemperatur praktisch konstant bleibt, nicht berücksichtigt.

Bei Versuchen über die durch Wechselflüsse verursachten Bremsmomente ist auch das durch diese Wechselflüsse zustande kommende Drehmoment zu berücksichtigen. Ein solches kommt, wie früher gesagt, nicht nur bei zwei oder mehreren Flüssen, sondern auch bei einem einzigen Fluß zustande (s. hierzu S. 11). Dieses Drehmoment kann dadurch eliminiert werden, daß man zwei Bremsversuche bei verschiedener Richtung des Ankerstromes ausführt. Auf diese Weise addiert sich einmal das durch die Wechselflüsse verursachte Drehmoment D' zu dem vom Gleichstromanker entwickelten D, das andere Mal subtrahiert es sich. Bezeichnet man die Größen, die sich auf den Versuch bei einer der Drehrichtungen beziehen mit 1, die der anderen Drehrichtung mit 2, so ergibt sich, wenn man das Drehmoment D in beiden Fällen als positiv annimmt:

$$\begin{aligned}
B_1 &= b\,n_1 = D + D' - r_1 \\
B_2 &= b\,n_2 = D - D' - r_2 \\
\hline
b\,(n_1 + n_2) &= 2\,D - r_1 - r_2 \\
b &= \frac{2\,D - r_1 - r_2}{n_1 + n_2} = \frac{D - r}{n}
\end{aligned}$$

wo $n = \dfrac{n_1 + n_2}{2}$ und $r = \dfrac{r_1 + r_2}{2}$.

Ist n_1 nicht sehr verschieden von n_2, so kann für r der der mittleren Drehzahl n entsprechende Wert des Reibungsmomentes bzw. des Stromes J_r gesetzt werden. In den obigen Gleichungen ist b der in

Gleichung (6), S. 34, in der eckigen Klammer stehende Ausdruck (im Sonderfall nur eines Flusses ist also $b = C\,\Phi^2$).

Es müssen also bei dem Bremsversuch für die Drehzahl und den Strom J_r die Mittelwerte gesetzt werden, die sich für beide Drehrichtungen ergeben. Die Voraussetzung ist, daß bei beiden Drehrichtungen die bremsenden Flüsse die gleichen sind. Trifft dieses nicht zu, so muß eine entsprechende Umrechnung vorgenommen werden, die jedoch praktisch schwer durchführbar ist, um so mehr, als bei Änderung der Flüsse auch das Drehmoment D' sich ändert. Aus diesem Grunde wurden die Flüsse konstant gehalten und ihre kleinen Variationen in der Weise berücksichtigt, daß bei der Auswertung für die in der Prüfspule induzierte EMK E_Φ der Mittelwert aus den Werten der beiden Versuche angenommen worden ist [1]).

Zur Umkehrung des Ankerstromes diente der im Schaltbild gezeichnete Stromwender U.

Wenn die durch die Wechselflüsse verursachten Drehmomente groß sind, so wird die Messung ungenau. Aus diesem Grunde müssen Vorkehrungen getroffen werden, um dieses störende Drehmoment möglichst klein zu halten. Wie dies im einzelnen vorgenommen werden kann, wurde bereits unter III, 4 (S. 50) gesagt.

Es sei noch bemerkt, daß die durch die Wechselflüsse verursachten Drehmomente bei den anderen bis jetzt angewandten Methoden zur Messung des Bremsmomentes sehr leicht zu Trugschlüssen Anlaß geben können. Besonders dürfte dieses bei der Auslaufmethode der Fall sein. Auch bei der von Kempe (siehe hierzu S. 45) angewandten Methode, bei der das Bremsmoment durch Wägung bestimmt wird, muß diese Fehlerquelle berücksichtigt werden. Es erscheint nicht ausgeschlossen, daß die von Kempe festgestellte Erscheinung, daß das Bremsmoment bei Wechselflüssen kleiner ist als bei entsprechend großen konstanten Flüssen, wenigstens zum Teil auf die Nichtbeachtung dieses Umstandes zurückzuführen ist. Es muß in diesem Fall angenommen werden, daß bei den Versuchen von Kempe ein durch die Wechselflüsse verursachtes Drehmoment, welches dem Bremsmoment entgegenwirkte, vorhanden gewesen ist. (Die zweite Erklärung für die von Kempe beobachtete Erscheinung dürfte noch in der Nichtberücksichtigung der Induktivität des Bremskörpers zu suchen sein.)

Eine weitere Fehlerquelle bildet bei den Versuchen mit Wechselflüssen die Verzerrung der Kurve des Flusses. Das Bremsmoment ist nämlich, wie oben abgeleitet, dem Quadrate des Effektivwertes des Flusses proportional. Der mit dem Wechselstromkompensator gemessene Wert ist dagegen nur der Effektivwert der Grundwelle (s. hierzu

---

[1]) Strenggenommen müßte der Mittelwert aus den Quadraten der beiden Werte von E_Φ bzw. Φ gebildet werden.

unter V). Um diesen Fehler zu unterdrücken, wurde die Kurve des Stromes, wie oben gesagt, durch Drosselspulen gereinigt. Da der magnetische Widerstand der Elektromagnete in der Hauptsache im Luftspalt liegt, so ist dann auch der Fluß praktisch sinusförmig. Dieses wurde durch Aufnahme von Oszillogrammen bestätigt. Die beobachteten Abweichungen von der Sinusform sind so gering, daß die Messung des Effektivwertes des Flusses mit einem Fehler unter $1^0/_{00}$ behaftet ist.

4. Versuchsergebnisse. Die Resultate der charakteristischen, ausgeführten Versuche sind unter III, 4 (S. 45) zusammengestellt, die Einzelheiten sind aus den Tabellen $6 \div 9$ zu entnehmen, die einer weiteren Erläuterung kaum bedürfen. Es darf wohl angenommen werden, daß diese Versuche die Brauchbarkeit der angewandten Methode beweisen, so daß dieselbe zur weiteren Erforschung der Bremserscheinungen geeignet zu sein scheint. Die Methode zur Bestimmung des Reibungsmomentes dürfte auch sonst bei Zählern in Frage kommen, allerdings ist ihre Anwendbarkeit bei fertigen Apparaten auf dynamometrische und Magnetmotorzähler ohne Dämpfung beschränkt. Dabei ist zu beachten, daß bei geschlossener (Dreieck) Schaltung des Ankers durch die Ausgleichströme ein zusätzliches Bremsmoment, welches das Resultat fälscht, auftreten kann. Das Gleiche tritt, jedoch in weit geringerem Maße, bei offener (Stern) Schaltung bei kleinem Widerstande des Schließungskreises ein.

Es sei noch erwähnt, daß anschließend an die Versuche mit Wechselflüssen bei veränderlicher Frequenz ein Versuch mit zeitlich konstantem Fluß ausgeführt worden ist. Die dabei ermittelte Bremskonstante ist jedoch um etwa 1,5% kleiner als diejenige, die sich aus den Wechselstrommessungen ergibt. Dieses dürfte darauf zurückzuführen sein, daß die für die Eichung des ballistischen Galvanometers, welches zur Messung des Flusses diente, verwendete Normale der gegenseitigen Induktion nicht genau den aufgeschriebenen Wert hatte. Eine Kontrollmessung, die allerdings nicht sehr zuverlässig sein dürfte, bestätigte diese Annahme. Infolge dieser Unsicherheit wurde von der Wiedergabe dieses Versuches abgesehen.

V. Der Wechselstromkompensator.

1. Einleitung.

Die Kompensationsmethode für Wechselstrom ist schon ziemlich alt. Sie wurde wohl zuerst von Ad. Franke für Messungen an Fernsprechleitungen angewandt und im Jahre 1891 beschrieben [1]). Franke bezeichnet allerdings das Verfahren nicht als Kompensationsmethode. Seine Maschine war für die Frequenzen der Sprechströme ($f \approx 150 \div 1200$) bestimmt; als Nullinstrument diente das Telephon. Nach Franke wurde wohl mehrfach versucht, die Kompensationsmethode bei Wechselstrommessungen anzuwenden. Ihrer Einführung in großem Umfange und ihrer Ausdehnung auf den in der Starkstromtechnik üblichen Frequenzbereich ($f \approx 15 \div 100$) stand längere Zeit der Mangel an einem für niedrige Frequenzen geeigneten Nullinstrument entgegen. Ein weiterer Grund für ihre langsame Entwicklung scheint in der Überschätzung der Fehler, die bei verzerrter Kurvenform auftreten, zu suchen zu sein [2]).

Die große praktische Bedeutung der Methode scheint zuerst Drysdale erkannt zu haben. In seiner im Jahre 1909 erschienenen Arbeit [3]) behandelt er das Prinzip der Methode, berechnet die Größe der durch die Kurvenform bei der Spannungsmessung verursachten Fehler und beschreibt eine von ihm entworfene Meßeinrichtung.

Seit 1913 wird die Kompensationsmethode im Zählerlaboratorium der SSW vom Verfasser zu Untersuchungen an Induktionszählern und für andere Messungen angewandt, sie wurde im Laufe der letzten Jahre allmählich verfeinert [4]). Dabei wurden auch besonders die Fehlerquellen der Meßmethode einer näheren Untersuchung unterzogen. Erst nach Abschluß dieser Untersuchungen wurden dem Verfasser durch das Referat von Orlich [2]) die Arbeiten von Drysdale und

---

[1]) Ad. Franke, „Die elektrischen Vorgänge in Fernsprechleitungen und Apparaten". E. T. Z. **12**, 447. 1891.

[2]) Siehe Referat von Orlich über die Arbeit von Drysdale. Z. f. Instr. **21**, 356. 1909.

[3]) Ch. V. Drysdale, „Der Gebrauch des Kompensationsapparates bei Wechselstrom". Phil. Mag. **17**, 402. 1909. Referat siehe Fußnote 2.

[4]) Es sei noch erwähnt, daß für den gleichen Zweck zuerst versucht worden ist das Elektrometer zu verwenden, jedoch ohne Erfolg.

Franke bekannt. Die Apparatur war damals bereits in der jetzigen Form aufgestellt und das Manuskript, in dem auch die Theorie der Methode entwickelt worden ist, lag bereits vor. Da sich die Methode für sehr viele Zwecke als außerordentlich gut brauchbar erwies und wie bereits gesagt (s. S. 2) bis jetzt nur sehr wenig Beachtung gefunden hat, so erschien es trotzdem zweckmäßig, den Text der Arbeit im wesentlichen unverändert zu veröffentlichen und in einem Zusatz kurz auf die von anderer Seite beschriebenen Abarten des Verfahrens einzugehen.

Es sei noch gesagt, daß in den letzten Jahren die Kompensationsmethode von verschiedenen Seiten zur Untersuchung der Meßwandler angewandt worden ist, dabei scheint jedoch die allgemeinere Verwendbarkeit derselben unbeachtet geblieben zu sein. Auf diese speziellen Arbeiten soll jedoch hier nicht weiter eingegangen werden [1]).

Ferner wurde neuerdings eine besondere Anordnung für Messungen nach der Kompensationsmethode bei Wechselstrom von Déguisne beschrieben [2]).

2. Theorie der Methode.

a) Prinzip der Anordnung.

Abb. 36 zeigt das prinzipielle Schaltbild des Wechselstromkompensators, der im wesentlichen auf der gleichen Grundlage wie der für Gleichstrom beruht. An den Enden $a\,b$ des induktionsfreien Widerstandes (Meßwiderstandes) R wird eine bekannte Wechselspannung (Meßspannung) E, die z. B. mit Hilfe eines Voltmeters V gemessen wird, angelegt. Von einem Teil R_c des Widerstandes R ist der Kompensationszweig $c - E_x - d$, in dem die zu messende Wechsel-EMK bzw. Spannung E_x sowie ein Nullinstrument z. B. ein Vibrationsgalvanometer VG liegen, abgezweigt. R_c wird im folgenden als Kompensationswiderstand, der Kreis, der durch R_c und den Kompensationszweig gebildet wird, als Kompensationskreis bezeichnet. Durch entsprechende Wahl der Verhältnisse kann erreicht werden, daß der Kompensationszweig stromlos wird (man sagt in diesem Fall: der Kompensator ist abgeglichen).

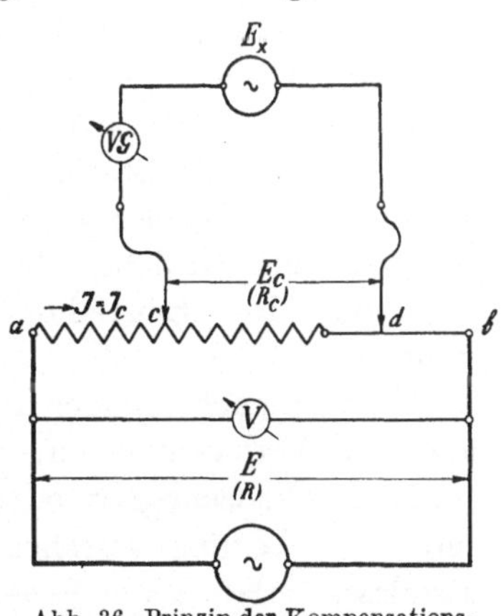

Abb. 36. Prinzip der Kompensationsmessung.

---

[1]) Hierzu siehe z. B. Gewecke, „Strom- und Spannungswandler und Verfahren ihrer Untersuchung". El. Kraftb. u. Bahnen **12**, 141. 1914; Möllinger, l. c. (Fußnote 1, S. 1), S. 173.

[2]) C. Déguisne, „Die Kompensationsmethode bei Wechselstrommessungen". Archiv f. Elektrotechn. **5**, 303. 1917.

Wären E_c und E_x Gleichspannungen, so würde das dann eintreffen, wenn der Spannungsabfall, der vom Meßstrom J ($=$ Kompensationsstrom J_c) im Kompensationswiderstand erzeugt wird, der zu messenden Spannung E_x gleich und derselben im Kompensationskreis entgegengeschaltet ist. Es gilt dann die Beziehung

$$E_x = E_c = J_c R_c = E \frac{R_c}{R}. \tag{1}$$

Bei Wechselstrom gilt diese Gleichung offenbar für Momentanwerte und der Kompensationszweig ist dann stromlos, wenn sie in jedem Augenblick erfüllt ist.

Dies ist dann der Fall, wenn die Kompensationsspannung E_c und die zu messende Spannung E_x die gleiche Frequenz haben, ihre Effektivwerte einander gleich sind und die beiden Spannungen in bezug auf den Kompensationskreis um $\pi = 180°$ gegeneinander verschoben sind. Ferner muß die Kurvenform der beiden Spannungen die gleiche sein.

Die absolute Gleichheit der Frequenz läßt sich praktisch nur dann erreichen, wenn E_c und E_x vom gleichen Generator oder von zwei miteinander starr gekuppelten Generatoren gleicher Polzahl erzeugt werden. Die nötige Phasenlage der beiden Spannungen läßt sich dadurch erreichen, daß man in einem der Stromkreise einen Phasenschieber einbaut oder einen der beiden Generatoren mit verdrehbarem Stator ausrüstet[1]). Eine weitere Möglichkeit besteht in der Verwendung entsprechender Kapazitäten oder Selbstinduktionen in den Stromkreisen. Diese Methode ist jedoch praktisch nur für kleine, zur Kompensation zweier gegeneinander wenig verschobenen Spannungen geeignet und wird bei Untersuchungen von Meßwandlern u. dgl. angewandt. Die Einstellung der Phase muß völlig stetig erfolgen können.

Werden nacheinander zwei oder mehrere Spannungen bei unveränderten Verhältnissen in den Stromkreisen gemessen, so kann man, wenn der Phasenregler oder der Generator mit verdrehbarem Stator mit einer Teilung versehen ist, die die Lage des verdrehten Teiles abzulesen erlaubt, die Phasendifferenzen zwischen diesen Spannungen bestimmen.

Die Gleichheit der Kurvenform läßt sich praktisch nur dadurch erreichen, daß man die beiden Spannungen sinusförmig macht. Auch bei einer Maschine oder zwei Maschinen von völlig gleicher, jedoch verzerrter Kurvenform der Klemmspannung erhält man nämlich im allgemeinen infolge der in den Strombahnen liegenden Induktivitäten und Kapazitäten verschiedene Kurvenformen der Spannungen E_x und E_c.

---

[1]) Dasselbe erhält man selbstverständlich auch dann, wenn man die beiden Läufer gegeneinander verdreht. Diese Anordnung wird jedoch selten benutzt.

Was die praktische Ausführung des Kompensators anbetrifft, so ist es zweckmäßig, wenn bei Änderung des Kompensationswiderstandes R_c der Meßwiderstand R und die Meßspannung E, also auch der Kompensationsstrom J_c konstant bleiben. Bei Wahl runder Werte von R und E bzw. J_c kann in bekannter Weise die Ablesung von E_x ohne besondere Berechnung ausgeführt werden. Dafür kommen die gleichen Methoden, wie solche bei Gleichstromkompensatoren üblich sind, in Frage[1]). Zweckmäßig ist dabei, wie dies in Abb. 36 angedeutet ist, zur Feineinstellung einen Schleifdraht zu verwenden. Dadurch wird einerseits ein einfacher Aufbau des Apparates ermöglicht, andererseits erlaubt der Schleifdraht ein völlig kontinuierliches Verändern des Kompensationswiderstandes, was zur sicheren Einstellung seines richtigen Wertes sehr nützlich ist, da bei den meisten in Frage kommenden Nullinstrumenten, insbesondere auch beim Vibrationsgalvanometer, der noch evtl. verbleibende Ausschlag keinen Aufschluß darüber gibt, ob er einem zu hohen oder zu niedrigen Wert von R_c zuzuschreiben ist und daher eine Berechnung von R_c durch Interpolation kaum durchführbar ist. Die durch die Ungenauigkeit des Schleifdrahtes verursachten Fehler, die richtige Wahl der Verhältnisse vorausgesetzt, sind dabei belanglos, um so mehr, als die anderen Fehlerquellen es nicht erlauben bei Wechselstrommessungen die hohe Genauigkeit der Präzisionswiderstände voll auszunutzen, wie dies bei Gleichstrom der Fall ist. Beim Aufbau des Apparates muß natürlich dafür gesorgt werden, daß die verwendeten Widerstände genügend selbstinduktions- und kapazitätsfrei sind. Im Frequenzbereich $f \approx 15 \div 100$ genügt es, gute bifilar oder bei höheren Beträgen nach Chaperon gewickelte Widerstände zu verwenden.

An Stelle des in Abb. 36 angedeuteten Voltmeters zur Messung von E kann auch ein Amperemeter zur Messung von J_c dienen. Dies erfordert aber Wechselstromamperemeter für kleine Stromstärken, die schwer herstellbar sind. Die Messung von E ist eigentlich prinzipiell richtiger als die von J_c, da im ersten Fall der Widerstandssatz nur in sich richtig zu sein braucht. Es muß also nur das Verhältnis der Widerstände R und R_c bekannt sein, wogegen im zweiten Fall die Richtigkeit der absoluten Werte der Widerstände erforderlich ist, auch fällt im ersten Fall der Winkelfehler der Widerstände, solang er bei allen verwendeten Widerständen der gleiche ist, heraus. Die Messung der Meßspannung bietet noch weitere praktische Vorteile, auf die bei der Beschreibung der benutzten Apparatur näher eingegangen wird. Wird als Voltmeter bzw. Amperemeter ein Instrument, dessen Angaben für Gleich- und Wechselstrom gleich sind, also z. B. ein geeignetes dynamometrisches

---

[1]) Siehe z. B. Feussner, E. T. Z. **32**, 187 u. 215. 1911 und Jaeger, „Elektrische Meßtechnik", Leipzig 1917, S. 278.

oder Hitzdrahtinstrument verwendet, so kann dasselbe unter Zuhilfenahme einer Gleichstrommeßspannung, eines Normalelementes und evtl. eines besonderen Gleichstromgalvanometers jederzeit in der Anordnung selbst geeicht werden.

Als Nullinstrument kann im Prinzip jedes zur Messung bzw. Nachweisung von Wechselströmen brauchbare Instrument benutzt werden. Es kommen dabei in Frage: Elektrodynamometer, Hitzdrahtgalvanometer, Elektrometer[1]), Telephon und Vibrationsgalvanometer, ferner Gleichstromgalvanometer unter Zwischenschaltung von Thermo-Elementen oder Gleichrichtern. Als solche kommen synchron rotierende Stromwender, Glühkathodenröhren und dergleichen in Frage.

Am geeignetsten sind das Telephon und das Vibrationsgalvanometer, das erste jedoch nur für höhere Frequenzen. Die übrigen Instrumente sind weniger geeignet. Jedenfalls ist das Vibrationsgalvanometer, welches einen sehr hohen Grad der Vollkommenheit erreicht hat, auch dem Telephon vorzuziehen.

b) Fehlerquellen.

Beim Wechselstromkompensator sind folgende Fehlerquellen zu beachten: 1. Einfluß der Kurvenverzerrung, 2. Isolationsströme, 3. Kapazitätsströme, 4. Streufelder, 5. Mechanische Erschütterungen.

1. Einfluß der Kurvenverzerrung. Die wichtigste Fehlerquelle, die besonders zu beachten ist, wird durch die Verzerrung der Kurve verursacht. Im allgemeinen wird die Kompensationsspannung E_c und die zu messende Spannung E_x mehr oder weniger verzerrt sein. Die Spannungsmessung und die Winkelmessung sind deshalb mit einem Fehler behaftet. Bei einigermaßen günstiger Wahl der Verhältnisse läßt sich jedoch dieser Fehler auf eine zu vernachlässigende Größe herunterdrücken.

Die Größe des Fehlers bei der Spannungsmessung ergibt sich aus folgender Überlegung. Die Kurve der Meßspannung E (Abb. 36) sei verzerrt. Das Voltmeter zur Messung dieser Spannung E (oder das Amperemeter zur Messung des Stromes J_c) zeigt den Effektivwert der verzerrten Kurve an. Der am Kompensator abgelesene Wert der Kompensationsspannung

$$E_c = E \frac{R_c}{R} = J_c R_c$$

ist also gleichfalls ein Effektivwert der verzerrten Kurve, wobei die

---

[1]) In diesem Fall ist der Kompensationskreis, abgesehen von Kapazitätsströmen, natürlich auch in nicht abgeglichenem Zustande stromlos.

Kurven von E, E_c und J_c einander ähnlich sind, da ja R ein induktionsfreier Widerstand ist. Der Verlauf von E_c sei durch die Gleichung

$$e_t = \bar{e}_1 \sin(\omega t + \psi_1) + \bar{e}_3 \sin(3\,\omega t + \psi_3) + \bar{e}_5 \sin(5\,\omega t + \psi_5) + \cdots$$

gegeben[1]), wobei $\bar{e}_1$, $\bar{e}_3$ usw. die maximalen Ordinaten der harmonischen Einzelwellen bedeuten. Dann ist

$$E_c = \sqrt{\tfrac{1}{2}(\bar{e}_1^2 + \bar{e}_3^2 + \bar{e}_5^2 + \cdots)} = \sqrt{\tfrac{1}{2}(\bar{e}_1^2 + \Sigma\,\bar{e}_n^2)}\ .$$

Die Gleichung der Kurve der zu messenden, gleichfalls verzerrten Spannung E_x sei

$$e_t' = \bar{e}_1' \sin(\omega t + \psi_1') + \bar{e}_3' \sin(3\,\omega t + \psi_3') + \bar{e}_5' \sin(5\,\omega t + \psi_5') + \cdots$$

dann ist

$$E_x = \sqrt{\tfrac{1}{2}(\bar{e}_1'^2 + \bar{e}_3'^2 + \bar{e}_5'^2 + \cdots)} = \sqrt{\tfrac{1}{2}(\bar{e}_1^2 + \Sigma\,\bar{e}_n'^3)}\ ,$$

wobei in den obigen Gleichungen zur Abkürzung mit $\Sigma\,\bar{e}_n^2$ bzw. $\Sigma\,\bar{e}_n'^2$ die Summe der Quadrate der Amplituden der höheren Harmonischen bezeichnet worden ist.

Es sei angenommen, daß das Nullinstrument nur auf Ströme von der Frequenz der Grundwelle anspricht. Dies trifft beispielsweise beim Vibrationsgalvanometer, wenn dasselbe auf die Grundwelle abgestimmt ist, praktisch in ziemlich hohem Maße zu. In diesem Fall wird als R_c bzw. E_c derjenige Wert abgelesen, bei dem $\bar{e}_1 = \bar{e}_1'$ ist, da dann der Kompensator in bezug auf die Grundwelle abgeglichen ist. Der prozentuale Fehler $\varDelta$ des Resultates bezogen auf E_x ergibt sich dann zu

$$\varDelta = \frac{E_c - E_x}{E_x} \cdot 100 = \left(\frac{E_c}{E_x} - 1\right) \cdot 100 = \left(\sqrt{\frac{\bar{e}_1^2 + \Sigma\,\bar{e}_n^2}{\bar{e}_1^2 + \Sigma\,\bar{e}_n'^2}} - 1\right) \cdot 100 \qquad (2)$$

also

$$(0{,}01\,\varDelta + 1)^2 = \frac{\bar{e}_1^2 + \Sigma\,\bar{e}_n^2}{\bar{e}_1^2 + \Sigma\,\bar{e}_n'^2}$$

für kleine Werte von $\varDelta$ ist $0{,}01\,\varDelta \ll 1$, also ist

$$1 + 0{,}02\,\varDelta \approx \frac{\bar{e}_1^2 + \Sigma\,\bar{e}_n^2}{\bar{e}_1^2 + \Sigma\,\bar{e}_n'^2}$$

oder

$$0{,}02\,\varDelta \approx \frac{\bar{e}_1^2 + \Sigma\,\bar{e}_n^2}{\bar{e}_1^2 + \Sigma\,\bar{e}_n'^2} - 1 \approx \frac{1 + \dfrac{\Sigma\,\bar{e}_n^2}{\bar{e}_1^2}}{1 + \dfrac{\Sigma\,\bar{e}_n'^2}{\bar{e}_1^2}} - 1\,,$$

---

[1]) Es ist eine in bezug auf die Abszissenachse symmetrische Kurve angenommen, die Betrachtungen können aber ohne weiteres auch auf jede beliebige Kurve übertragen werden.

da $\dfrac{\Sigma\,\bar{e}_n^2}{\bar{e}_1^2}$ und $\dfrac{\Sigma\,\bar{e}_n'^2}{\bar{e}_1^2}$ klein gegen 1 sind, so kann gesetzt werden:

$$0{,}02\,\varDelta \approx 1 + \frac{\Sigma\,\bar{e}_n^2}{\bar{e}_1^2} - \frac{\Sigma\,\bar{e}_n'^2}{\bar{e}_1^2} - 1 \approx \frac{1}{\bar{e}_1^2}\left(\Sigma\,\bar{e}_n^2 - \Sigma\,\bar{e}_n'^2\right) \approx \frac{1}{\bar{e}_1^2}\,\delta\,\Sigma$$

wo $\delta\,\Sigma = \Sigma\,\bar{e}_n^2 - \Sigma\,\bar{e}_n'^2$ ist, es ist also

$$\varDelta = 50\cdot\frac{1}{\bar{e}_1^2}\,\delta\,\Sigma\,. \tag{3}$$

Die Gleichungen (2) bzw. (3) zeigen, wie dies auch ohne weiteres klar ist, daß $\varDelta = 0$ ist, wenn die Summe der Quadrate der höheren Harmonischen von E_c und E_x gleich ist. Dies kann also außer dem früher erwähnten Fall der vollkommenen Kompensation, die nur bei Wellen gleicher Form eintritt, auch bei Wellen verschiedener Form zutreffen, wobei natürlich der Kompensationszweig in Wirklichkeit nicht stromlos ist.

Von Interesse ist noch die Frage, wie groß darf die Differenz $\delta\,\Sigma$ der beiden Summen bei einem gewissen Wert von $\bar{e}_1$ sein, ohne daß der Fehler einen bestimmten Betrag übersteigt. Dieser Wert ergibt sich aus Gleichung (3) zu

$$\delta\,\Sigma = 0{,}02\,\bar{e}_1^2\,\varDelta\,.$$

Es sei eine der Wellen z. B. die von E_c genau sinusförmig, dann ist

$$\Sigma\,\bar{e}_n^2 = 0 \quad \text{oder} \quad \delta\,\Sigma = -\Sigma\,\bar{e}_n'^2 \quad \text{also} \quad -\Sigma\,\bar{e}_n'^2 \approx 0{,}02\,\bar{e}_1^2\,\varDelta\,.$$

Für $\varDelta = 0{,}1$ also $1^0/_{00}$ Fehler des Resultates ergibt sich

$$-\Sigma\,\bar{e}_n'^2 \approx 0{,}002\,\bar{e}_1^2$$

und für $\varDelta = 1$ also 1% Fehler.

$$-\Sigma\,\bar{e}_n'^2 \approx 0{,}02\,\bar{e}_1^2\,.$$

Ist nur eine der höheren Harmonischen, beispielsweise die dritte vorhanden, dann folgt aus diesen Beziehungen, daß deren Amplitude bei einem Fehler von $1^0/_{00}$ also $\varDelta = 0{,}1$

$$\sqrt{0{,}002\cdot\bar{e}_1^2} = 0{,}045\,\bar{e}_1$$

d. h. $4{,}5\%$ der Amplitude der Grundwelle betragen darf und für 1% Fehler ergibt sich entsprechend

$$\sqrt{0{,}02\,\bar{e}_1^2} = 0{,}141\,\bar{e}_1$$

also $14{,}1\%$. In beiden Fällen ist $\varDelta$ negativ[1]).

Aus diesen Betrachtungen ersieht man, daß verhältnismäßig große Verzerrungen der Kurve einen geringen Einfluß auf das Resultat

---

[1]) Drysdale kommt in seiner Arbeit zu ähnlichem Ergebnis über die Größe des Einflusses der Kurvenverzerrung, wobei er jedoch nicht mit den Amplituden, sondern mit den Effektivwerten rechnet.

ausüben. Genau die gleiche Betrachtung gilt natürlich für den umgekehrten Fall, also wenn E_x sinusförmig und E_c verzerrt ist, nur ist in diesem Fall Δ positiv. Praktisch wird man stets mit dem ersten Fall zu tun haben, da es meist möglich sein wird, Vorkehrungen zu treffen, um die Meßspannung sinusförmig zu machen. Dagegen hat man es nicht immer in der Hand, die zu messende Spannung sinusförmig zu bekommen.

Als Grenze der Genauigkeit, die sich bei der Wechselstromkompensationsmethode infolge Ungenauigkeit der Meßinstrumente u. dgl. zur Zeit überhaupt erreichen läßt, dürfte etwa $1^0/_{00}$ angesehen werden. Es ist deshalb interessant, sich ein Bild darüber zu machen, wie die Kurven aussehen dürfen, damit auch der durch die Kurvenverzerrung verursachte Fehler innerhalb dieser Grenze bleibt. Aus diesem Grunde sind auf dem Textblatt III (S. 74 und 75) eine genau sinusförmige und einige charakteristische verzerrte Kurven, bei denen $\Sigma \bar{e}_n^2 = 0{,}0025\,\bar{e}_1^2$ ist, abgebildet[1]). Wenn eine der Kurven, z. B. die von E_x, diesen Verlauf hat, die andere dagegen sinusförmig ist, so würde der Fehler etwa $1^0/_{00}$ (genauer $1{,}25^0/_{00}$) betragen. Die Gleichungen der Kurven lauten:

1. $e_t = \bar{e}_1 \sin \omega t$

2. $e_t = \bar{e}_1 \sin \omega t + 0{,}05\,\bar{e}_1 \sin 3\,\omega t$

3. $e_t = \bar{e}_1 \sin \omega t - 0{,}05\,\bar{e}_1 \sin 3\,\omega t$

4. $e_t = \bar{e}_1 \sin \omega t + 0{,}05\,\bar{e}_1 \sin 5\,\omega t$

5. $e_t = \bar{e}_1 \sin \omega t + 0.05\,\bar{e}_1 \sin 7\,\omega t$

6. $e_t = \bar{e}_1 \sin \omega t + 0{,}035\,\bar{e}_1 \sin 3\,\omega t + 0{,}035\,\bar{e}_1 \sin 5\,\omega t$.

In den Zeichnungen sind für die erste halbe Periode außer der resultierenden verzerrten Kurve noch die Grundwellen und die einzelnen Oberwellen eingetragen. Aus den Abbildungen ist deutlich zu ersehen, daß eine für das Meßergebnis noch belanglose Verzerrung der Kurve ohne weiteres erkennbar ist, so daß man sich mit einer bloßen Aufnahme des Oszillogramms begnügen kann und die genaue Analyse der Kurve, die immerhin ziemlich zeitraubend ist, sich meist erübrigt. Es sei noch bemerkt, daß der Maßstab der Kurven auf dem Textblatt III etwa der gleiche ist, wie der der Oszillogramme, die mit dem S. & H.-Oszillographen aufgenommen werden.

Über die Fehler der Winkelmessungen sei folgendes gesagt. Von einer Phase bzw. Phasendifferenz kann bekanntlich bei verzerrten Wellen strenggenommen nicht gesprochen werden. An Stelle der

---

[1]) Die Abbildungen wurden so hergestellt, daß man zuerst die Kurven in etwa dem vierfachen Maßstabe gezeichnet hat und dann photographisch verkleinerte.

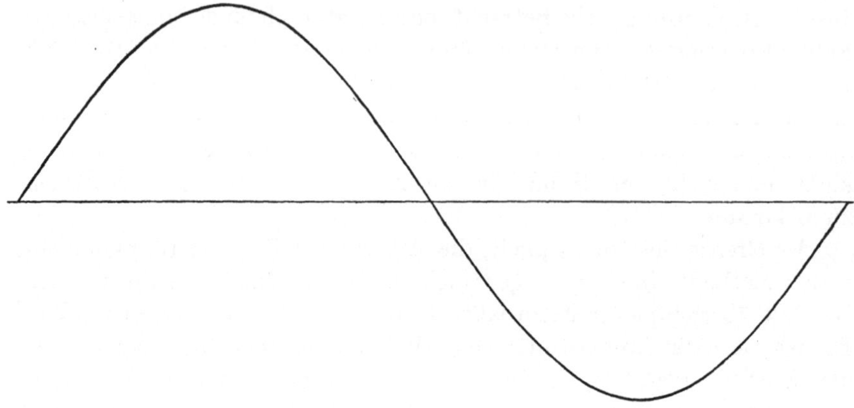

1. $e_t = \bar{e}_1 \sin \omega t.$

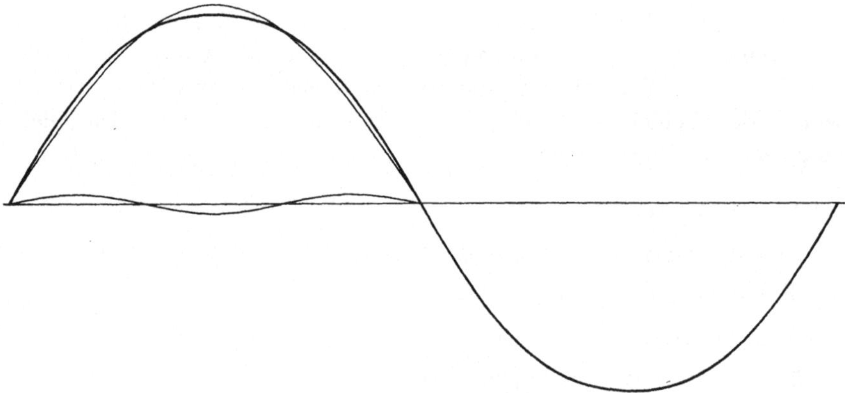

2. $e_t = \bar{e}_1 \sin \omega t + 0{,}05\, \bar{e}_1 \sin 3\,\omega t.$

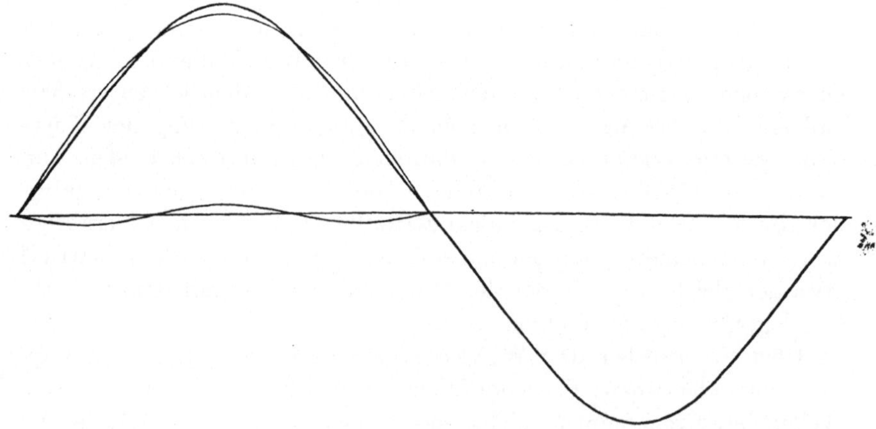

3. $e_t = \bar{e}_1 \sin \omega t - 0{,}05\, \bar{e}_1 \sin 3\,\omega t.$

Textblatt III. Sinuslinie

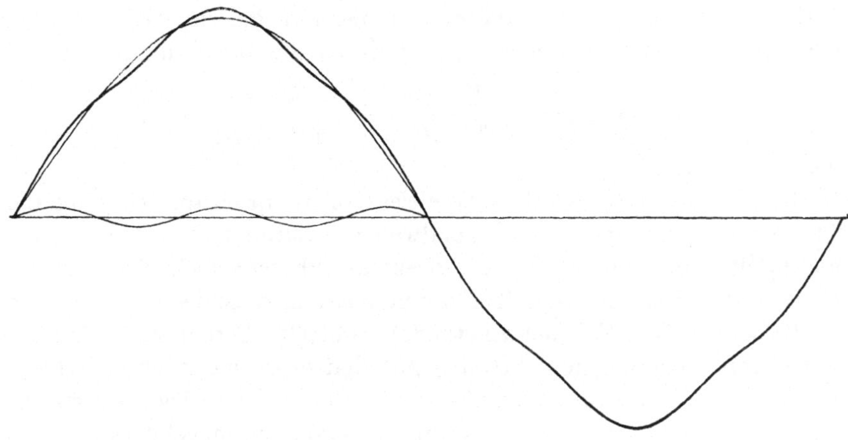

4. $e_t = \bar{e}_1 \sin \omega t + 0{,}05\, \bar{e}_1 \sin 5\,\omega t.$

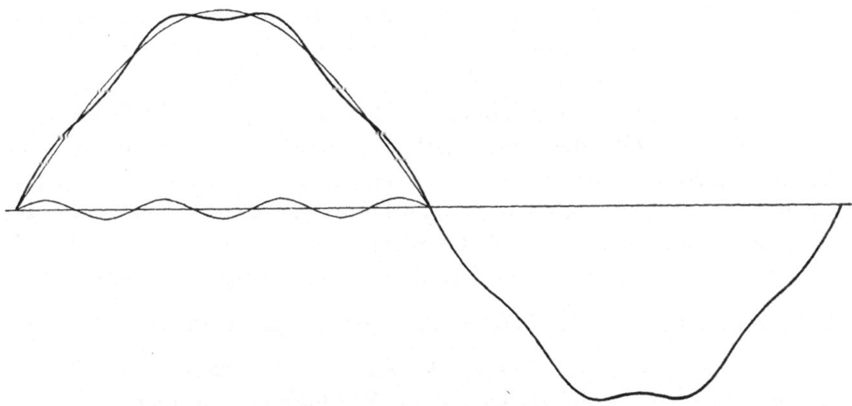

5. $e_t = \bar{e}_1 \sin \omega t + 0{,}05\, \bar{e}_1 \sin 7\,\omega t.$

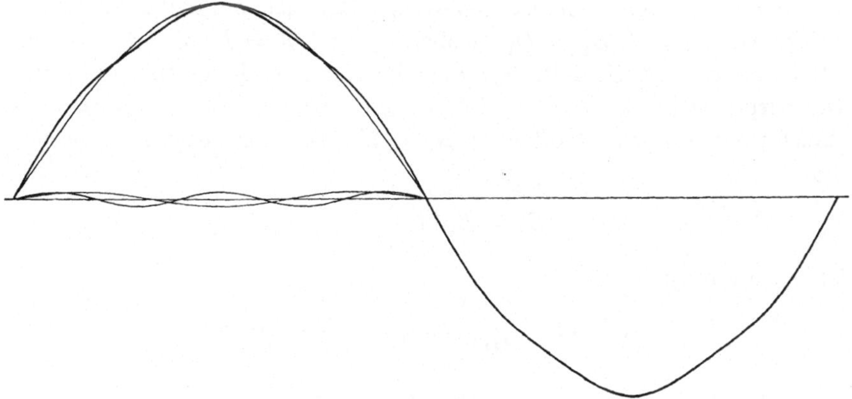

6. $e_t = \bar{e}_1 \sin \omega t + 0{,}035\, \bar{e}_1 \sin 3\,\omega t + 0{,}035\, \bar{e}_1 \sin 5\,\omega t.$

und verzerrte Kurven.

wirklichen Phasenverschiebung φ tritt hier die Phasenverschiebung φ_a der äquivalenten Sinuswellen. φ_a ist durch die Beziehung

$$\cos\varphi_a = \frac{N}{J\,E} = \frac{J_1\,E_1\cos\varphi_1 + J_3\,E_3\cos\varphi_3 + \cdots}{\sqrt{J_1^2 + J_3^2 + \cdots}\,\sqrt{E_1^2 + E_3^2 + \cdots}}$$

definiert.

Bei der Messung mit dem Wechselstromkompensator wird nur die Phasenverschiebung φ_1 der Grundwellen bestimmt, und zwar ganz gleichgültig, ob man den Winkel direkt am Phasenverschieber oder am Generator abliest oder denselben durch Messung verschiedener Vektoren (z. B. bei der Drei-Voltmetermethode) ermittelt. Ferner sind Effektivwerte von Spannung und Strom[1]) mit den oben behandelten Fehlern behaftet. Die Fehler der Winkelmessungen können also jeweils ermittelt werden, wenn die Gleichungen der Strom- und Spannungskurve bekannt sind. Praktisch wird dies nur in seltenen Fällen möglich sein; es ist daher stets anzustreben, durch Arbeiten mit möglichst reinen Kurven den Fehler auf das Minimum zu reduzieren. Im folgenden soll zur Erläuterung ein charakteristisches Beispiel behandelt werden.

Es sei die Phasenverschiebung des Stromes J gegen die Klemmenspannung E_S bei einer eisenhaltigen Spule zu bestimmen. Zu diesem Zweck sei vor die Spule ein Ohmscher Widerstand R eingeschaltet worden. Der Strom in dieser Serienschaltung, also auch die Klemmenspannung E_R an dem Ohmschen Widerstand seien praktisch sinusförmig. Es ist dann der mit dem Kompensator gemessene Wert der Stromstärke $J = \dfrac{E_R}{R}$ richtig, die Spannungsmessung an der Spule ist mit einem negativen Fehler $\varDelta$ behaftet. Als Phasenverschiebung von E_R (bzw. J) gegen E_S wurde durch Ablesung am Phasenschieber der Wert φ_1 der Phasenverschiebung der sinusförmigen Welle von E_R und der Grundwelle von E_S gemessen. Der sich daraus berechnende Effekt ist $N_1 = J_1\,E_1\cos\varphi_1$, wobei E_1 und $J = J_1$ die gemessenen Effektivwerte der Grundwellen der Spannung und des Stromes sind. Der wirkliche Effekt ist $N = J\,E_S\cos\varphi_a$. Da die Kurve des Stromes sinusförmig war, so ist offenbar $N_1 = N$. Berücksichtigt man ferner, daß

$$E_S = E_1\left(1 - \frac{\varDelta}{100}\right)$$

ist, so ergibt sich

$$J_1\,E_1\left(1 - \frac{\varDelta}{100}\right)\cos\varphi_a = J_1\,E_1\cos\varphi_1$$

---

[1]) Es soll hier angenommen werden, daß der Strom durch Messung der Spannung an einem induktionsfreien Widerstand mit Hilfe des Kompensators ermittelt wird.

also

$$\cos\varphi_a = \frac{\cos\varphi_1}{1 - \dfrac{\varDelta}{100}} \approx \cos\varphi_1\left(1 + \frac{\varDelta}{100}\right),$$

also ist die Bestimmung des Leistungsfaktors mit einem Fehler von praktisch der gleichen Größe, wie der der Spannungsmessung, behaftet. Der Fehler des Winkels φ_a selbst hängt von der absoluten Größe des Winkels ab und ist für $\varphi_a = 0$ am größten. Das über die Bestimmung von $\cos\varphi_a$ Gesagte kann auch entsprechend auf die zur Bestimmung der wattlosen Komponente maßgebende Größe $\sin\varphi'$, welche bekanntlich nicht identisch mit $\sin\varphi_a$ ist, übertragen werden[1]).

Die obigen Betrachtungen lassen sich sinngemäß auch dann anwenden, wenn die Gleichungen der Kurven in der Form

$$e_t = A_1 \sin\omega t + A_3 \sin 3\,\omega\, t + \ldots + B_1 \cos\omega\, t + B_3 \cos 3\,\omega\, t \ldots$$

bzw.

$$e'_t = A'_1 \sin\omega\, t + A'_3 \sin 3\,\omega\, t + \ldots + B'_1 \cos\omega\, t + B'_3 \cos 3\,\omega\, t \ldots$$

gegeben sind.

In diesem Fall ist in Gl. (3) für e_1^2 der Wert $A_1^2 + B_1^2$ und für $\delta\varSigma$ der Wert $A_3^2 + A_5^2 + \ldots + B_3^2 + B_5^2 + \ldots - A'^2_3 - A'^2_5 \ldots - B'^2_3 \cdot B'^2_5 - \ldots$ zu setzen.

Es sei noch bemerkt, daß in vielen Fällen das eigentliche Versuchsergebnis auch bei verzerrten Wellen streng richtig ist. Dies trifft dann zu, wenn bei der Messung aller zusammengehörenden Größen nur die Grundwellen berücksichtigt werden.

Bei den obigen Betrachtungen wurde angenommen, daß das Nullinstrument auf die höheren Harmonischen gar nicht reagiert. Dies trifft beim Vibrationsgalvanometer mit genügender Genauigkeit zu, wenn die gegeneinander zu kompensierenden Spannungskurven nicht sehr stark verzerrt sind[2]).

Sind beide oder eine der Kurven stark verzerrt, so kann unter Umständen das Abgleichen des Kompensators ganz unmöglich werden, da auch bei Erzielung vollkommener Kompensation der Grundwellen die höheren Harmonischen von E_x und E_c sehr starke Ströme im Kompensationskreis verursachen.

---

[1]) Näheres hierzu siehe beispielsweise Kittler-Petersen, „Allgemeine Elektrotechnik" Bd. II, S. 352.

[2]) Streng erfüllt wäre es z. B. bei einem Dynamometer mit einer „separat erregten Spule" oder bei einem Elektrometer, bei dem die Nadel „separat erregt" ist (siehe S. 85). Im Gegensatz dazu wäre ein Hitzdrahtinstrument oder ein Dynamometer, dessen beide Spulen im Kompensationszweig liegen, oder ein Gleichstromgalvanometer unter Zwischenschaltung eines Gleichrichters in gleichem Maße gegen die Grundwelle wie gegen die höheren Harmonischen empfindlich und aus diesem Grunde, ohne daß man besondere Vorkehrungen trifft, unbrauchbar.

Dies möge an einem Beispiel erläutert werden. Es sei eine Spannung $E_x \approx 2$ Volt, deren Kurve verzerrt ist, zu messen. Die Amplitude der außer der Grundwelle noch vorhandenen dritten Harmonischen[1] betrage 10% der Amplitude der Grundwelle, ihr Effektivwert ist also $E_3 \approx 0,2$ Volt. Diese Verzerrung würde, wenn das Galvanometer gegen die dritte Harmonische ganz unempfindlich wäre, nur einen Fehler von $\varDelta \approx -0,5\%$ verursachen [siehe Gl. (3) S. 72]. Die Kurve der an dem Kompensator angelegten Spannung sei genau sinusförmig und der Kompensationswiderstand betrage 100 Ohm pro Volt. Ferner sei der Widerstand des Galvanometers und der übrigen im Kompensationszweig liegenden Teile 100 Ohm (der Einfachheit halber sollen alle Widerstände als induktionsfrei angenommen werden). Bei $E_x = 2$ Volt ist $R_c = 200$ Ohm, also der Gesamtwiderstand des Kompensationskreises $100 + 200 = 300$ Ohm. Wenn die Grundwellen gegeneinander kompensiert sind, verbleibt im Galvanometerkreis eine noch nicht kompensierte Spannung von dreifacher Frequenz und 0,2 Volt übrig. Diese verursacht also einen Strom $J_3 = \dfrac{0,2}{300} \approx 0,7 \cdot 10^{-3}$ Ampere[2].

Das Vibrationsgalvanometer sei so beschaffen, daß seine Empfindlichkeit in bezug auf die dritte Harmonische etwa 700 mal geringer ist, als in bezug auf die Grundwelle[3]. Dann ist der noch verbleibende Ausschlag des Vibrationsgalvanometers der gleiche wie bei der Resonanzfrequenz und $\dfrac{0,7}{700} \cdot 10^{-3} = 1 \cdot 10^{-6}$ Ampere. Dies würde bei Resonanzfrequenz einer Genauigkeit der Abgleichung auf etwa $1 \cdot 10^{-6} \cdot 300 = 0,3 \cdot 10^{-3}$ Volt entsprechen. Bei einer Stromempfindlichkeit $\xi_x = 10$[4] würde infolge des Vorhandenseins der dritten Harmonischen auch bei vollkommener Kompensation der Grundwelle ein Ausschlag von 10 mm verbleiben. Die Einstellung eines scharfen Minimums ist also nicht möglich, um so mehr, als in Wirklichkeit meist nicht eine, sondern mehrere Harmonische gleichzeitig vorhanden sind und das Bild infolge von Interferenzerscheinungen sehr unruhig ist.

Es sei noch erwähnt, daß die Ströme höherer Frequenz dann noch stärker ausfallen, wenn höhere Harmonische gleicher Ordnung in

---

[1] Je höher die Ordnung der Harmonischen ist, desto kleiner ist ihnen gegenüber die Empfindlichkeit des Vibrationsgalvanometers.

[2] Genau genommen ist der Strom sogar noch etwas höher, da als Schließungswiderstand für den Kompensationszweig außer dem Kompensationswiderstand noch der außerhalb desselben liegende Teil des Meßwiderstandes, der über das Voltmeter und die Stromquelle des Wechselstromkompensators geschlossen ist, in Frage kommt. Bei der obigen Betrachtung ist dieser Widerstand als sehr hoch gegenüber R_c angenommen.

[3] Dies entspricht einer Resonanzbreite $\varrho = 0,01$ (Näheres siehe S. 82).

[4] $\xi_x = $ Ausschlag (Bildverbreiterung) des Galvanometers pro Mikroampere bei 1 m Skalenabstand in mm.

E_x und E_e vorhanden sind und eine solche Lage haben, daß sie bei Kompensation der Grundwelle in bezug auf den Kompensationskreis in Phase liegen.

Ferner ist die Störung durch die höheren Harmonischen bei Messung hoher Spannungen stärker als bei niedrigen Spannungen, da der Widerstand des Schließungskreises, wie leicht ersichtlich, weniger als proportional mit der Spannung wächst.

Diese Schwierigkeiten in der Abgleichung können entweder dadurch behoben werden, daß man das Galvanometer gegen die höheren Harmonischen unempfindlich macht, oder daß man die Ströme, welche die höheren Harmonischen im Kompensationszweig verursachen, unterdrückt.

Das erstere ist beim Vibrationsgalvanometer zum Teil dadurch möglich, daß man das Galvanometer sehr schwach dämpft. Diese Maßnahme dürfte jedoch nicht in allen Fällen ausreichend sein und bringt andere Nachteile mit sich. Bei schwacher Dämpfung ist infolge sehr scharfer Resonanzkurve des Galvanometers eine sehr genaue Einhaltung der Frequenz nötig, ferner stellt sich der Ausschlag des Galvanometers nur langsam ein; beides ist für die Durchführung der Messung ungünstig.

Im zweiten Fall kann man auf verschiedene Weise verfahren. Ist die Empfindlichkeit des Galvanometers für die Grundwelle so hoch, daß man sie unbedenklich herunterdrücken kann, so ist das einfachste Mittel, welches in den meisten Fällen ausreichend sein dürfte, das Einschalten eines Ohmschen Widerstandes in den Kompensationszweig. Wirksamer ist das Einschalten einer Drossel, da deren scheinbarer Widerstand in bezug auf die höheren Harmonischen größer ist, als in bezug auf die Grundwelle. Eine weitere Verbesserung läßt sich erreichen, wenn man zur Serienschaltung der Drossel und des Galvanometers (unter Umständen genügt auch der induktive Widerstand des Galvanometers allein) einen Ohmschen Widerstand oder noch besser einen Kondensator parallel schaltet.

Am günstigsten ist die Reihenschaltung einer Kapazität und einer Drossel, deren Größen so gewählt sind, daß sich der Kreis in bezug auf die Grundwelle in Resonanz befindet. Auf diese Weise wird der durch die höheren Harmonischen verursachte Strom sehr stark heruntergedrückt und der weitere Vorteil erzielt, daß sich der Kompensationskreis in bezug auf die Grundwelle wie ein Kreis mit nur Ohmschem Widerstand verhält, so daß die Induktivität des Vibrationsgalvanometers keine Erhöhung des Widerstandes des Kompensationskreises verursacht. Der Nachteil der Schaltung besteht darin, daß beim Arbeiten mit verschiedenen Frequenzen jedesmal eine neue Abstimmung des Kompensationskreises auf Resonanz nötig ist. Werden Spannungen an Drosselspulen, Transformatoren oder anderen Apparaten von induktivem Charakter gemessen, so ist die Abstimmung auch von den Konstanten dieser Apparate abhängig.

Es sei noch gesagt, daß die Unmöglichkeit, eine scharfe Einstellung zu erreichen, darauf hinweist, daß höhere Harmonische vorhanden sind, so daß man daraus sogar auf die Genauigkeit der Messung schließen kann[1]).

Eine weitere Fehlerquelle entsteht aus der Verzerrung der Kurve dadurch, daß die nicht kompensierten höheren Harmonischen von E_x den Kompensationsstrom J_c und die Meßspannung E beeinflussen, so daß das Voltmeter bzw. Amperemeter zur Messung von E bzw. J_c eigentlich zu viel zeigt. Der dadurch zustande kommende Fehler ist jedoch, wie man sich leicht überzeugen kann, praktisch zu vernachlässigen und hat unter Umständen sogar das entgegengesetzte Vorzeichen wie der oben behandelte Fehler der Spannungsmessung.

Die Reinigung der Kurve des Stromes kann am bequemsten durch Einschalten geeigneter eisenfreier Drosselspulen in die Stromkreise geschehen. Eine Spannung von sinusförmigem Verlauf kann erzielt werden, indem man dieselbe von den Klemmen eines induktionsfreien Widerstandes, der von sinusförmigem Strom durchflossen ist, abnimmt. Eine noch vollkommenere Reinigung der Kurve läßt sich natürlich durch Anwendung einer Resonanzschaltung erreichen. Diese Methode bietet aber, besonders wenn man mit verschiedenen Frequenzen arbeiten will, praktische Schwierigkeiten und dürfte deshalb nur in Ausnahmefällen in Frage kommen, um so mehr, als die Drosselspulen allein eine für die meisten Zwecke genügend reine Kurve liefern.

2. Isolationsfehler. Diese können sich genau wie beim Gleichstromkompensator störend bemerkbar machen. Die ganze Einrichtung muß aus diesem Grunde so gut wie möglich isoliert sein. Die Apparate, an denen die unbekannte Spannung E_x liegt, lassen sich meist nicht vollkommen isolieren und müssen mitunter sogar geerdet sein. Aus diesem Grunde ist der eigentliche Kompensator einschließlich des Galvanometerkreises so hoch wie irgend möglich zu isolieren[2]).

3. Kapazitätsströme. Außer den Isolationsfehlern treten bei Wechselstrommessungen noch Fehler durch Ströme, die durch die Kapazität der einzelnen Teile gegeneinander und gegen Erde bedingt sind, hinzu. Dabei ist zu berücksichtigen, daß ein Kapazitätsstrom vom gleichen Betrag wie ein Isolationsstrom weniger Fehler verursacht als der letztere, da er um 90° gegen die Ströme in Ohmschen Widerständen voreilt.

Die unter 2 und 3 erwähnten Fehler lassen sich dadurch herunterdrücken, daß man dafür sorgt, daß die in Frage kommenden Teile

---

[1]) Darauf weist auch Drysdale in seiner Arbeit hin.
[2]) Siehe hierzu z. B. Feußner, E. T. Z. **32**, 187 u. 215. 1911.

keine zu große Potentialdifferenz gegen die Umgebung erhalten. Ein Mittel hierzu ist in gewissen Fällen das Zwischenschalten von Transformatoren mit sehr gut gegeneinander isolierten Wicklungen; ferner kommt, wie oben erwähnt, die Erdung in Frage. Läßt sich eine genügend hohe Isolation auf bequeme Weise nicht erreichen, so kann man die Isolationsströme dadurch vermeiden, daß man die Stützen der in Frage kommenden Isolatoren, die in diesem Fall wiederum isoliert sein müssen, auf das Potential der betreffenden Leitung oder des Apparates bringt. Zum Schutz gegen Kapazitätsströme muß die ganze Umgebung der fraglichen Apparate oder Leitungen auf das Potential derselben gebracht werden (Elektrostatische Schirmung). Grundsätzlich muß dafür gesorgt werden, daß das Galvanometer stets so angeschlossen wird, daß es von Isolations- oder Kapazitätsströmen nicht durchflossen wird. Bei den anderen Teilen der Meßanordnung, insbesondere beim Kompensationswiderstand wird das Auftreten von Störungsströmen nicht immer ganz zu vermeiden sein. Allgemeine Regeln zur Durchführung dieser Schutzmaßnahmen lassen sich kaum aufstellen, da dieselben von Fall zu Fall verschieden sind.

4. Streufelder. Ferner ist bei den Messungen zu beachten, daß Fehler durch Streufelder verursacht werden können. Diese können einerseits dadurch zustande kommen, daß solche Felder direkt auf das Nullinstrument wirken, andererseits dadurch, daß sie in Leitungsschleifen und Spulen, die in der Anordnung liegen, EMKe induzieren. Eine besondere Vorsicht ist bei Verwendung von Drosselspulen im Kompensationskreise geboten. Abhilfe wird durch Schutz des Instrumentes durch einen Eisenmantel und Vermeidung von Schleifen in der Leitungsführung geschaffen.

5. Mechanische Erschütterungen. Wird als Nullinstrument ein Vibrationsgalvanometer verwendet, so ist zu berücksichtigen, daß dasselbe durch mechanische Erschütterungen zum Ausschlag gebracht werden kann. Besonders periodische, auch sehr schwache Erschütterungen von solcher Frequenz, daß sie Resonanzschwingungen des beweglichen Systems hervorrufen, können schon große Ausschläge des Galvanometers zur Folge haben. Erschütterungen dieser Art können z. B. durch Wechselstromgeneratoren, deren Frequenz mit der Abstimmungsfrequenz des Galvanometers zusammenfällt[1]), verursacht werden. Die gleiche Wirkung können auch Antriebsmaschinen solcher Generatoren haben.

Die durch mechanische Erschütterungen hervorgerufenen Ausschläge des Galvanometers erschweren die Abgleichung des Kompensators und können dieselbe sogar ganz unmöglich machen; es sind auch direkte

---

[1]) Dasselbe trifft auch zu, wenn die Frequenz des Generators ein ganzes Vielfaches oder die Hälfte usw. der Abstimmungsfrequenz ist.

Meßfehler nicht ausgeschlossen. Diese Störungen werden durch erschütterungsfreie Aufhängung oder Aufstellung des Galvanometers vermieden.

c) Vibrationsgalvanometer.

Für das Arbeiten mit dem Wechselstromkompensator ist es wertvoll, über die Arbeitsweise des Vibrationsgalvanometers, die noch wenig bekannt ist, im klaren zu sein. Aus diesem Grund sind im folgenden die wichtigsten Beziehungen wiedergegeben.

[Die Darstellung ist im wesentlichen wie die in der Arbeit von Schering und Schmidt[1]); die Bezeichnungen sind zum Teil von den in dieser Arbeit angeführten abweichend.]

Es bezeichnet im folgenden:

f_* Eigenfrequenz der Galvanometernadel,

f Frequenz des Wechselstromes,

ξ_* Stromempfindlickeit = Bildverbreiterung in mm/μA bei 1 m Skalenabstand, bei der Abstimmung, also $f = f_*$,

ξ_n Stromempfindlichkeit gegen Oberschwingungen n-ter Ordnung, also für $f = n f_*$,

ξ_0 Stromempfindlichkeit bei Gleichstrom, „kommutierter", Ausschlag in mm (= einseitiger Ausschlag $\times$ 2),

$V = \dfrac{\xi_*}{\xi_0}$ Verstärkungsfaktor, das Verhältnis von Stromempfindlichkeit für Wechselstrom im Resonanzfall zur Gleichstromempfindlichkeit,

$i_* = \dfrac{1}{\xi_*}$ Stromstärke in Mikroampere für 1 mm Ausschlag bei 1 m Skalenabstand,

$i_0 = \dfrac{1}{\xi_0}$ Die entsprechende Größe bei Gleichstrom,

$\varLambda$ Natürliches logarithmisches Dämpfungsdekrement ($\varLambda = \log$ nat k, wo k das Dämpfungsverhältnis = Verhältnis eines Schwingungsbogens zu dem folgenden ist).

$\varrho = \dfrac{f - f_*}{f_*}$ Resonanzbreite, diejenige relative Abweichung der Wechselstromfrequenz von der Galvanometerfrequenz, bei der die Empfindlichkeit auf die Hälfte der Resonanzempfindlichkeit herabgeht.

$1/\varrho$ Resonanzschärfe,

ϑ Die Zeit, in der ein Ausschlag nach Ausschaltung des Stromes auf den hundertsten Teil abklingt.

---

[1]) Z. f. Instr. **38**, 1. 1918; siehe hierzu auch Zöllich, Arch. f. Elektr. **3**, 369. 1915.

Zwischen den oben angeführten Größen bestehen folgende Beziehungen, die zwar nicht allgemein streng richtig sind, jedoch bei schwacher Dämpfung, etwa $A < 0,1$ $(k < 1,1)$, wie sie bei Vibrationsgalvanometern vorkommt, für praktische Zwecke genügend genau stimmen. Es ist dabei vorausgesetzt, daß die Dämpfung des Galvanometers durch den Schließungskreis nicht merklich beeinflußt wird.

$$\xi_* = \frac{\pi}{\sqrt{2}\,A}\,\xi_0 = 2,22\,\frac{\xi_0}{A}\,{}^1) \qquad A = 2,22\,\frac{\xi_0}{\xi_*} = 2,22\,\frac{1}{V}$$

$$\xi_n = \xi_0\,\frac{\sqrt{2}}{n^2 - 1} \qquad \frac{\xi_*}{\xi_n} = \frac{(n^2 - 1)}{2}\cdot\frac{\pi}{A},$$

für $n = 3$

$$\xi_3 = \xi_0 \cdot 0,178 \qquad \xi_* = \xi_3\,\frac{12,6}{A},$$

für $n = 5$

$$\xi_5 = \xi_0 \cdot 0,059 \qquad \xi_* = \xi_5\,\frac{37,6}{A},$$

$$\varrho = \frac{\sqrt{3}}{\pi}\cdot A = 0,55 \cdot A = 1,22\,\frac{1}{V} \qquad A = 1,82\,\varrho\,,$$

$$\vartheta = \frac{\ln 100}{A\,2\,f_*} = \frac{2,30}{A\,f_*} = \frac{1,27}{\varrho\,f_*}\,{}^2).$$

Für die für den praktischen Gebrauch geeignete Resonanzbreite $\varrho = 0,01$ (1%) ergibt sich:

$$A = 0,0182 \qquad \xi_* = 122\,\xi_0 \qquad V = 122\,,$$

$$\xi_* = 695 \cdot \xi_3 = 2080 \cdot \xi_5\,,$$

für $f_* = 50$ ist $\vartheta = 2,5\,s$.

Die obigen Gleichungen zeigen, daß mit abnehmender Dämpfung die Wechselstromempfindlichkeit steigt, die Resonanzbreite und die Empfindlichkeit den höheren Harmonischen gegenüber dagegen abnehmen und umgekehrt.

---

[1] Diese Beziehung ist insofern bei Galvanometern mit auf Eisenkernen gewickelten Spulen nicht streng richtig, als bei Wechselstrom nicht der ganze Strom zur Erzeugung des Feldes dient, da ein Teil als Verluststrom zur Deckung der Wirbelstrom- und Hysteresisverluste für die Magnetisierung verlorengeht. Strenggenommen müßte der Wert von ξ_*, der sich aus dieser Formel ergibt, mit $\cos \psi$ multipliziert werden, wo ψ der Winkel zwischen Strom und dem von ihm erzeugten Fluß ist. Dieser Fehler ist aber nicht bedeutend, durch seine Vernachlässigung dürfte die von Schering und Schmidt (siehe l. c.) erhaltene kleine Differenz zwischen der direkt gemessenen Resonanzbreite und der aus ξ_* und ξ_0 berechneten bedingt sein.

[2] Allgemein klingt ein Ausschlag auf den m-ten Teil ab in der Zeit $\vartheta_m = \ln m / A\,2\,f_*$.

3. Verschiedene Ausführungsformen des Wechselstromkompensators.

Wie in der Einleitung dieses Abschnittes (S. 66) erwähnt, rührt der
älteste bekannt gewordene Versuch der Anwendung der Kompensationsmethode bei Wechselstrommessungen von Franke her [1]), der nach
diesem Verfahren das Verhältnis der EMKe (bzw. deren Teile) bestimmt,
die in zwei Ankern eines besonderen Doppelgenerators induziert werden.
Die Maschine von Franke [2]) besteht im wesentlichen aus einem Gleich-
stromantriebsmotor und zwei Wechselstromgeneratoren, die eine gemeinschaftliche Erregerwicklung besitzen. Die Phasenverschiebung der
gegeneinander zu kompensierenden EMKe wird durch Verdrehen des
Stators eines der Generatoren erreicht. Die Änderung der EMK des
zweiten Generators wird dadurch bewerkstelligt, daß man den Stator
in axialer Richtung verschiebt und da-
durch mehr oder weniger aus dem Bereich
des Erregerfeldes herauszieht. Die Maschine von Franke wird noch heute in der
Fernsprechtechnik benutzt.

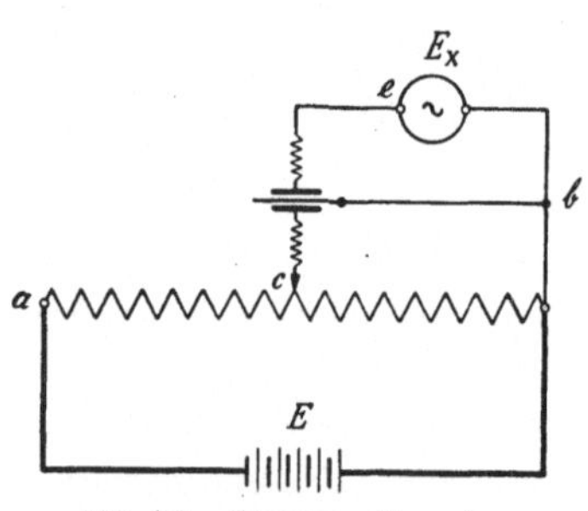

Abb. 37. Kompensation einer
Wechselspannung gegen eine
Gleichspannung.

Drysdale [3]) beschreibt verschiedene
Abarten der Kompensationsmethode, und
zwar erwähnt er zuerst eine Methode, die
er als Kompensation einer Wechselspannung gegen eine Gleichspannung bezeichnet [4]), diese Schaltung zeigt die
Abb. 37. Der Meßstrom wird in diesem

Fall von einer Akkumulatorenbatterie erzeugt. Als Nullinstrument dient
ein Elektrometer, welches im Schaltbild der Übersichtlichkeit halber
in Form eines Blattelektrometers dargestellt ist. Das ·eine Quadranten-
paar ist an Punkt c, das andere an e und die Nadel an den Punkt b
angeschlossen. Auf diese Weise ist der Ausschlag der Nadel proportional
der Differenz der Effektivwerte E_x der zu messenden Wechselspannung
und der Kompensationsspannung E_c. Sind die beiden Spannungen
gleich, so ist der Ausschlag des Elektrometers Null. Um den Nullpunkt
des Instrumentes zu bestimmen, werden die beiden Quadrantenpaare
verbunden. Damit in diesem Fall kein starker Ausgleichsstrom
in der Verbindungsleitung ec fließt, sind zwischen den Quadranten
und e bzw. c sehr hohe Widerstände (einige Megohm) eingeschaltet.

---

[1]) Siehe Fußnote 1, S. 66.
[2]) Die Maschine wird von S. & H. fabriziert und ist bis $f \approx 2000$ verwendbar.
[3]) Siehe Fußnote 3, S. 66.
[4]) Diese Methode wurde zuerst von Drewell angegeben (siehe Orlich an
der in Fußnote 2, S. 66 angegebenen Stelle).

Diese Methode wäre richtiger als Differentialmethode zu bezeichnen [1]). Ferner erwähnt Drysdale, daß an Stelle des Elektrometers auch ein Gleichstrominstrument unter Zwischenschaltung von Thermoelementen in Differentialschaltung oder dgl. verwendet werden kann. In diesem Fall ist aber deutlich zu sehen, daß die Methode keine eigentliche Kompensationsmethode mehr ist.

Die von Drysdale selbst ausgearbeitete Methode beruht auf der Erregung eines normalen Gleichstromkompensators mit Wechselstrom und ist im wesentlichen ähnlich wie die vom Verfasser benutzte und weiterhin genau beschriebene. Zur Einstellung der richtigen Phasenlage benutzte Drysdale einen Phasenschieber, der primär zwei Wicklungen hat, die beide an der gleichen Wechselspannung liegen, und zwar die eine unter Vorschaltung eines Ohmschen Widerstandes, die andere unter Vorschaltung eines Kondensators. Ferner wird die zu messende Spannung vom gleichen Generator erzeugt, was die Anwendungsmöglichkeiten der Meßanordnung sehr beschränken dürfte. Am Schlusse seiner Abhandlung beschreibt Drysdale einen weiteren, vollkommeneren Apparat, der auf dem gleichen Prinzip beruht [2]).

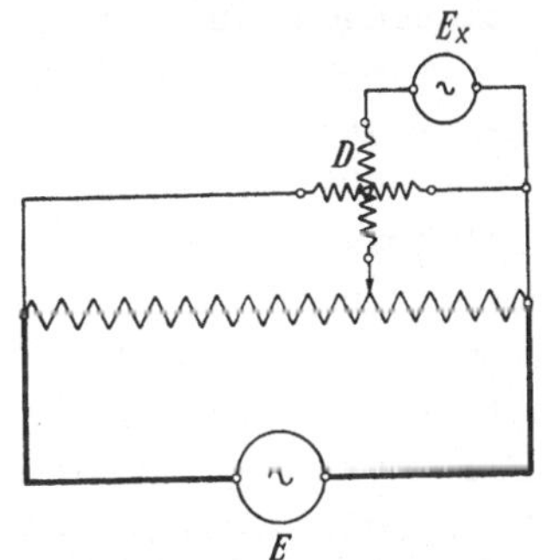

Abb. 38.   Kompensationsschaltung bei Verwendung eines Dynamometers als Nullinstrument.

Es sei noch erwähnt, daß Drysdale auch die Möglichkeit der Verwendung eines Elektrometers oder eines Dynamometers als Nullinstrument erörtert, wobei die Nadel des Elektrometers auf ein gegen die Quadranten hohes Potential gebracht wird oder die eine Spule des Dynamometers von einer separaten Stromquelle erregt wird. Die erste Schaltung ergibt sich z. B. wenn man in der Schaltung Abb. 37 an Stelle der Batterie eine Wechselspannung nehmen würde und die Nadel anstatt an den Punkt b an den Anfang des Meßwiderstandes a legen würde. Bei der zweiten Schaltung Abb. 38 würde die eine Spule des Dynamometers genau so geschaltet, wie das Vibrationsgalvanometer in Abb. 36, die zweite Spule dagegen z. B. parallel zum ganzen Meßwiderstand gelegt werden. Die beiden Schaltungen haben den Nachteil, daß der Ausschlag des Instrumentes nicht nur dann Null ist, wenn die Kompen-

---

[1]) Die Kompensationsmethode ist eigentlich auch nur eine Abart der Differentialmethode. Es wird aber meist als eigentliche Kompensationsmethode eine solche bezeichnet, bei der in jedem Moment zwei gegeneinander geschaltete Spannungen einander gleich sind, was bei der oben angeführten Methode nicht der Fall ist.

[2]) Dieser Apparat wird von H. Tinsley & Co., London, gebaut.

sation erreicht ist, sondern auch wenn die aus E_x und E_c resultierende Spannung bei der elektrometrischen Methode um 90° gegen die Nadelspannung verschoben ist, und entsprechend tritt dies beim Dynamometer dann ein, wenn die Ströme der beiden Spulen um 90° verschoben sind. Man muß sich also, nachdem der Ausschlag auf Null gebracht ist, durch Änderung der Phase der „Erregerspannung" bzw. des „Erregerstromes" davon überzeugen, ob die Kompensation wirklich erreicht ist. Als Vorteil könnte dagegen der Umstand bezeichnet werden, daß aus der Richtung des Ausschlages die Richtung der vorzunehmenden Abgleichung erkennbar ist.

Déguisne[1]) gibt zwei verschiedene Kompensationsmethoden an. Die erste ist für die Kompensation von Spannungen, die in Phase wenig gegeneinander verschoben sind, bestimmt. Es seien E_x und E_c solche Spannungen. In diesem Fall würde bei Änderung von E_c ein Minimum des Ausschlages des Nullinstrumentes dann erreicht sein, wenn der Vektor, der die Differenz der Spannungen E_x und E_c darstellt, senkrecht auf E_c fällt. Um den Ausschlag auf Null zu bringen, also eine wirkliche Kompensation zu erzielen, schaltet Déguisne im Kompensationskreis in Serie mit E_c eine Hilfsspannung, die senkrecht auf E_c steht. Dies erreicht er in der Weise, daß er in den Kompensationszweig die sekundäre Spule eines kleinen, eisenfreien Transformators, dessen Primärwicklung vom Kompensationsstrom J_c durchflossen ist, schaltet. Die gegenseitige Lage der beiden Spulen kann verändert und dadurch die richtige Größe der Hilfsspannung erreicht werden, diesen kleinen Apparat nennt Déguisne Phasenschlitten. Die Methode ist im Grunde genommen die gleiche wie die von Robinson[2]) zur Prüfung von Spannungswandlern angegebene und eignet sich zur Messung von Phasendifferenzen bis etwa 2°, wobei eine ziemlich hohe Genauigkeit (etwa 0,1′) der Winkelmessung erreichbar zu sein scheint.

Zur Kompensation von Spannungen, die gegeneinander große Phasenverschiebung aufweisen, verwendet Déguisne eine Art Brückenschaltung. Die Methode erfordert aber eine ziemlich komplizierte Berechnung und dürfte auch ziemlich umständlich im Gebrauch sein; ferner wird die Spannung mit Stromverbrauch gemessen.

Beide Methoden sind in mancher Hinsicht recht interessant; für technischen Gebrauch sind sie jedoch kaum geeignet.

Zu erwähnen wäre noch das von V. O. Gibbon[3]) angegebene Verfahren. Dieses ist eigentlich eine Differentialmethode, die die Messung der Stärke eines Wechselstromes von beliebiger Kurvenform auf die eines Gleichstromes zurückzuführen erlaubt.

---

[1]) Siehe Fußnote 2, S. 67.
[2]) Robinson, Trans. Amer. Inst. Elec. Eng. **28**, 1005. 1909.
[3]) El. World, **71**, 979. Referat E. T. Z. **40**, 9. 1919.

4. Die Apparatur des Verfassers.

Es wurden zwei verschiedene Einrichtungen benutzt: bei den Vorversuchen ein einfacher Kompensator mit einem Schleifdraht, bei den definitiven Messungen ein vollkommener mit Kurbelschaltern.

Der einfache, in der Versuchswerkstätte des Zählerlaboratoriums der SSW angefertigte Apparat wurde seit 1913 für verschiedene Laboratoriumsmessungen benutzt und hat sich für viele Zwecke als recht brauchbar erwiesen. Er besteht im wesentlichen aus einem Schleifdraht von 1 m Länge und 1 Ohm [1]) Widerstand und dem daran angeschlossenen Stöpselkasten von 9×1 Ohm, also Meßwiderstand $R = 10$ Ohm. Der Kompensationszweig ist einmal von dem Schleifkontakt, der auf dem Draht gleitet, das andere Mal von einem Punkt des Stöpselkastens mit Hilfe eines Stöpsels abgezweigt. Die Meßspannung wurde meist zu $E = 5$ Volt gewählt. Das Schaltbild der ganzen Apparatur zeigt die Abb. 39. Die äußere Schaltung sowie die verschiedenen Nebenapparate sind im wesentlichen die gleichen wie bei dem vollkommenen Apparat; es soll deshalb an dieser Stelle von der genauen Beschreibung dieser Anordnung abgesehen werden. Es sei noch bemerkt, daß sich infolge der kleinen Ohmzahl des Kompensationswiderstandes höhere Harmonische auch von kleiner Amplitude bemerkbar machten, so daß zur Verbesserung der Abgleichung eines der oben angeführten Mittel benutzt werden mußte.

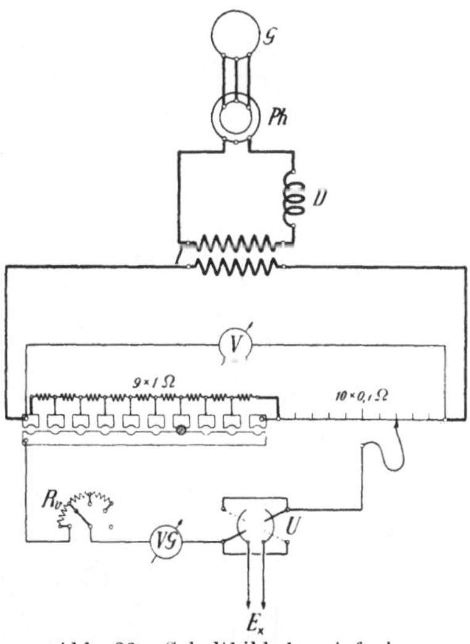

Abb. 39. Schaltbild des einfachen Kompensationsapparates.

Im folgenden wird die verbesserte Anordnung mit dem Kompensator mit Kurbelschaltern genau beschrieben.

a) Schaltung.

Das generelle Schaltbild der ganzen Apparatur zeigt die Abb. 40. Der eigentliche Kompensationsapparat ist dabei nur schematisch

---

[1]) Die genaue Abgleichung auf 1 Ohm ist durch Parallelschaltung eines dünnen Abgleichdrahtes zu dem Schleifdraht, der allein etwas mehr als 1 Ohm Widerstand besitzt, erreicht worden. Diese Methode ist beim Kompensationsapparat ohne weiteres zulässig.

gezeichnet. Der Kompensator wird von dem Generator GI eines Maschinensatzes gespeist, der aus zwei Wechselstromgeneratoren und einem Gleichstrommotor, die miteinander starr gekuppelt sind, besteht. An den Generator GI ist über Sicherungen und Schalter ein Phasenschieber Ph angeschlossen. An den gleichen Leitungen liegen noch zwei Frequenzmesser F. An der Sekundärseite des Phasenschiebers sind in Serienschaltung ein Isolierwandler T und Drosselspulen D_1 zur Reinigung der Kurve angeschlossen. Die Sekundärspule des Isolierwandlers führt zu dem doppelpoligen Um-

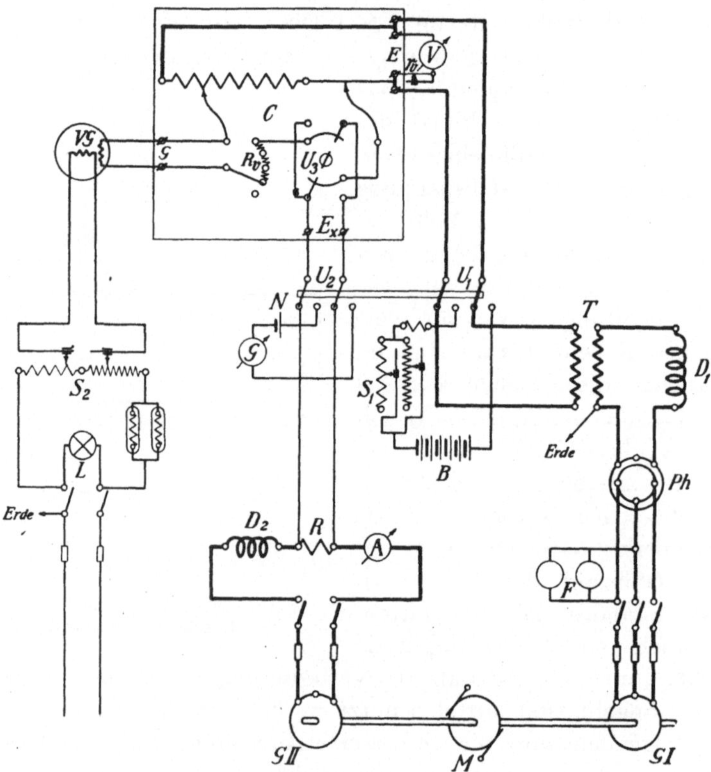

Abb. 40 Allgemeines Schaltbild der Kompensationseinrichtung.

schalter U_1. An U_1 ist außerdem unter Zwischenschaltung zweier Schiebewiderstände S_1 eine Akkumulatorenbatterie B ($E \approx 20$ Volt) angeschlossen. Mit Hilfe des Umschalters U_1 kann der eigentliche Kompensator C wahlweise an den Isolierwandler oder an die Batterie angeschlossen werden.

Zur Konstanthaltung der Meßspannung dient das an die Klemmen E des Kompensators angeschlossene Voltmeter V. Zum Justieren des selben dient ein kleiner Vorschaltwiderstand r_v. An den Klemmen G des Apparates liegt das Vibrationsgalvanometer VG, dessen Erregerwicklung von zwei als Spannungsteiler geschalteten Schiebewiderständen S_2 abgezweigt ist. Die Widerstände S_2 liegen in Serie mit zwei parallel geschalteten Variatoren (Eisenwiderständen) am Gleichstromnetz des Laboratoriums, wobei der an die Schiebewiderstände direkt führende Pol geerdet ist. Parallel zu den Schiebewiderständen und Variatoren liegt die Nernstlampe L der objektiven Ablesevorrichtung des Vibrationsgalvanometers. Auf diese Weise wird erreicht, daß durch Ausschaltung der Glühlampe gleichzeitig die Erregerwicklung des Galvanometers stromlos wird.

Der Kompensationszweig enthält im Innern des Kompensators Vorschaltwiderstände R_v, ferner den Umschalter U_3, der zur Kommutierung der unbekannten Spannung, die an den Klemmen E_x angeschlossen wird, dient. Die Klemmen E_x sind mit dem doppelpoligen Umschalter U_2 verbunden; an diesen Schalter ist einerseits die zu messende Spannung E_x, andererseits ein Normalelement N und in Serie damit ein Gleichstromgalvanometer G angeschlossen. Die Umschalter U_1 und U_2 sind miteinander mechanisch gekuppelt, so daß man gleichzeitig entweder die zu messende Wechselspannung E_x und den Isolierwandler oder das Normalelement und die Gleichspannung an den Kompensator legen kann. Die zweite Schaltung dient zur Eichung des Voltmeters V bzw. zur Bestimmung des Meßstromes J. Es sei bemerkt, daß bei beiden Schaltungen das Vibrationsgalvanometer im Kreise bleibt. (Wäre dasselbe für Gleichstrom genügend empfindlich, so könnte das besondere Gleichstromgalvanometer wegfallen.)

Die zu messende Spannung E_x wird von Apparaten entnommen, die an den zweiten Generator GII des Maschinensatzes angeschlossen sind, wobei die Schaltung dieser Apparate je nach dem auszuführenden Versuch verschieden ist. Für die meisten Zwecke kommt man damit aus, daß man an GII unter Vorschaltung von Drosseln D_2 und evtl. Zwischenschaltung von Stromwandlern mit entsprechendem Übersetzungsverhältnis die zu untersuchenden Apparate anlegt. In dem Schaltbild ist angenommen, daß die Spannung an einem induktionsfreien Widerstand R gemessen werden soll.

Die Regelung der Meßspannung und der zu messenden Spannung wird durch Änderung der Erregung der Generatoren bewerkstelligt, die Regelung der Drehzahl der Maschine durch Änderung der Erregung des Motors[1]).

---

[1]) Im Schaltbild sind die Erregerwicklungen der Maschine u. dgl. nicht gezeichnet. Als Stromquelle für den Motor und die Erregung der Generatoren diente bei allen Messungen eine besondere Batterie.

b) Beschreibung der einzelnen Apparate.

1. Der eigentliche Kompensator. Der Apparat wurde nach Angabe des Verfassers von Otto Wolff, Berlin, gebaut. Die Abb. 41 zeigt die äußere Ausführung des Apparates. Diese entspricht im allgemeinen der normalen Ausführung der Apparate von Wolff. Die innere Schaltung zeigt die Abb. 42. Sie ist im wesentlichen die gleiche wie die bei Gleichstromkompensationsapparaten meist angewandte. Ist der in der Abbildung rechts angedeutete Stöpsel gesteckt, so beträgt der Gesamtwiderstand des Kompensators, und zwar bei jeder Einstellung

Abb. 41. Der eigentliche Kompensationsapparat.

der Kurbeln und des Schleifkontaktes, $R = 1500$ Ohm [1]). An den Kompensator wird normalerweise eine Spannung von 15 Volt angelegt, dann ist also der Strom im Kompensator $J = 10$ mA und die maximale Spannung, die gemessen werden kann, beträgt 15 Volt. Ist der Stöpsel gezogen, so wird noch ein Widerstand von 13 500 Ohm vorgeschaltet, dann ist also $R = 15\,000$ Ohm, bei 15 Volt Gesamtspannung ist $J = 1$ mA; die höchste Spannung, die gemessen werden kann, beträgt in diesem Fall 1,5 Volt. Diese Schaltung ist nur zur genauen Messung sehr kleiner Spannungen vorgesehen, setzt jedoch eine hohe Empfindlichkeit des Vibrationsgalvanometers voraus. Meist wird mit einem

---

[1]) Genau eigentlich 1500,1 Ohm.

Gesamtwiderstand von 1500 Ohm gearbeitet. Damit dabei durch zufälliges Lockerwerden des Stöpsels keine Fehler verursacht werden, ist noch eine Lasche vorhanden, mit der man die beiden Kontaktklötze des Stöpselwiderstandes durch Verschraubung kurzschließen kann. Die unbekannte Spannung wird über einen doppelpoligen Stromwender angeschlossen. Dieser erlaubt ein bequemes Kippen des Spannungsvektors um 180°. Im Kompensationszweig liegen vor dem Galvanometer Vorschaltwiderstände von 300, 5000 und 100 000 Ohm.

Der Kompensationszweig liegt einerseits an der Kurbel der 100-Ohm-Abteilung, die als ein einfacher Kurbelwiderstand mit 14 × 100 Ohm ausgeführt ist, andererseits am Schleifkontakt. Die Zwischenabteilungen bestehen aus je 2 × 9 Widerständen von 10 bzw. 1 Ohm. Die eine

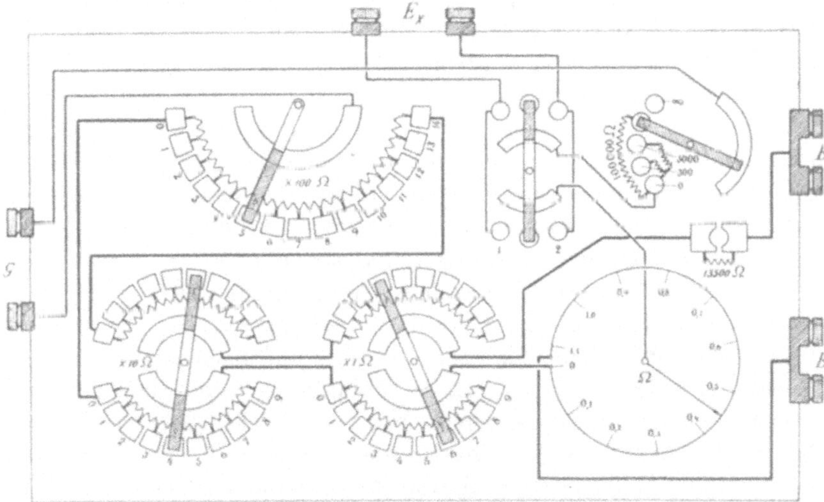

Abb. 42. Schaltung des Kompensationsapparates Abb. 41.

Hälfte der Widerstände liegt im Kompensationskreis, die andere außerhalb desselben. Beim Ändern der Kurbelstellung wird im äußeren Stromkreis stets der gleiche Widerstand eingeschaltet, wie im Kompensationswiderstand ausgeschaltet.

Der Widerstand des Schleifdrahtes wurde zu etwas mehr als 1 Ohm ($\approx$ 1,1 Ohm) gewählt, weil auf diese Weise bei jedem Wert der unbekannten Spannung ein bequemes Einstellen des Minimums möglich ist. Ein Skalenintervall der Teilung des Schleifdrahtes entspricht 0,01 Ω.

Alle Widerstände sind aus Manganin. Die Widerstände von 1, 10 und 100 Ohm sind in der üblichen Weise bifilar auf Metallrohre gewickelt. Der Widerstand von 13 500 Ohm ist auf drei Einzelwiderstände verteilt, die auf Porzellanzylindern in Abteilungen mit abwechselnder Wicklungsrichtung unifilar gewickelt sind.

2. Der Phasenschieber. Der Phasenschieber, Type MDT 94 der SSW (s. Abb. 45), an den der Kompensator angeschlossen ist, ist im wesentlichen ein Drehstrommotor mit festgehaltenem Läufer, der nach Belieben verdreht werden kann. Von der listenmäßigen Ausführung unterscheidet sich der Apparat dadurch, daß die Schleifringe fortgelassen und die Wicklungsenden direkt durch die hohle Welle ausgeführt sind. Die Enden sind durch ein biegsames Kabel an die Klemmen der Maschinenleitungen angeschlossen. Ferner ist die sonst normalerweise benutzte Einrichtung zum Verdrehen des Stators so abgeändert, daß die Grobeinstellung stetig vorgenommen werden kann und die Feinverstellung außerordentlich fein ist, wie dies bei Kompensationsmessungen nötig ist und vom Aufstellungsort des Kompensators aus betätigt werden kann. Die Einrichtung erlaubt auch die kleinen Verdrehungen des Rotors genau zu messen. Außerdem ist eine Skala und ein Zeiger zur Ablesung größerer Phasenverschiebungen angebracht.

Auf dem konzentrisch zur Achse des Apparates abgedrehten Rande des Lagerschildes ist eine Skala mit Teilung in elektrischen Graden aufgeschraubt. Auf dem vorstehenden Ende der Achse ist ein Arm mit einem Zeiger, der über der Skala hinweggleitet, befestigt; auf demselben Ende der Achse ist drehbar ein Hebel befestigt. Derselbe kann durch eine Flügelschraube auf der Achse festgeklemmt werden. In der Nähe des Endes dieses Hebels greift eine Spiralfeder an, deren anderes Ende an einem festen Winkel befestigt ist. Diese Feder drückt den Hebel gegen die Schraube eines auf einem zweiten Winkel befestigten Mikrometers an. Diese Schraube ist unter Zwischenschaltung eines kardanischen Gelenkes mit einer Steuerstange verbunden, die in der Nähe des Kompensationsapparates mit einem Handrad endet. Die Endfläche der Mikrometerschraube ist eben geschliffen und gehärtet, an der Berührungsstelle ist auf dem Hebel ein Ring mit einem kugelförmigen, gleichfalls gehärteten Ansatz befestigt.

Der Abstand r des Angriffpunktes der Schraube von der Läuferachse ist so gewählt, daß eine Umdrehung einer Phasenverschiebung von 0,5 elektrischen Graden entspricht. Auf der Teilung läßt sich $^1/_{50}$ einer Umdrehung, also 0,01° ablesen. An der Stirnfläche der Achse ist ein Handhebel angebracht.

Soll eine Grobverstellung der Phase vorgenommen werden, so wird die Flügelschraube gelöst und der Läufer mit Hilfe des Hebels eingestellt. Auf diese Weise läßt sich sehr schnell eine Einstellung auf einige Zehntelgrad genau vornehmen. Nach so erfolgter Grobeinstellung wird die Schraube festgezogen und durch Drehen am Handrad der Steuerstange unter Vermittlung der Mikrometerschraube die Feineinstellung vorgenommen. Bei dieser Anordnung ist kaum ein toter Gang vorhanden.

3. Isolierwandler. Der Isolierwandler Abb. 43 besteht aus einem Eisenkern (normaler Meßwandlerkern) aus legiertem Blech. Die primären und sekundären Wicklungen sind auf getrennten Spulenkörpern aus Pappe gewickelt. Der innere Durchmesser der Sekundärspule ist so groß, daß der Kern durch sie frei hindurchgeht. Sie ist auf zwei großen Isolatoren montiert, die Enden der Wicklungen führen zu Klemmen, die auf einem gleichgroßen Isolator sitzen. Auf diese Weise ist eine sehr vollkommene Isolation der Sekundärwicklung erreicht.

4. Drosselspule zur Reinigung der Kurve der Meßspannung. Die in Abb. 40 mit D_1 bezeichnete Drossel besteht aus 13 aufeinandergelegten, in Serie geschalteten, scheibenförmigen Spulen[1]. Windungszahl jeder Spule $s = 176$; Kupferdraht $d = 2,0$ mm; der äußere Durch-

Abb. 43. Isolierwandler.

messer der Spulen $d_a \approx 28$ cm; der innere $d_i \approx 17,5$ cm; die Höhe $h \approx 2$ cm; der Widerstand der ganzen Drossel $R \approx 3$ Ohm; der Selbstinduktionskoeffizient $L \approx 0,6$ H.

5. Voltmeter. Der zur Einstellung bzw. Konstanthaltung der Meßspannung dienende Spannungsmesser ist ein Hitzdrahtvoltmeter von H. & B., Type Cv, mit den Meßbereichen (Vollausschlag) 3, 7,5 und 15 Volt; es wird bei Meßbereich 15 Volt und Vollausschlag benutzt und hat bei dieser Schaltung einen Widerstand von etwa 50 Ohm. Es ist vorgesehen, an Stelle dieses Instrumentes ein dynamometrisches, zweckmäßigerweise astatisches Voltmeter (oder evtl. Amperemeter zur Konstanthaltung des Meßstromes) mit unterdrücktem Nullpunkt zu benutzen. Dasselbe würde eine größere Genauigkeit in der Einstellung des Meßstromes zulassen, war aber zur Zeit nicht zu be-

---

[1] Spulen von einem Leistungswandler.

schaffen. Es läßt sich aber auch mit dem benutzten Hitzdrahtvoltmeter, wenn die Kontrolle mit Gleichstrom genügend oft ausgeführt wird (etwa jede 15 Minuten), eine Genauigkeit der Einstellung von $1^o/_{00}$ mit Sicherheit erreichen (s. hierzu Tab. 14).

Der dem Voltmeter vorgeschaltete Widerstand r_v (s. Abb. 40) ist als Drahtschleife ausgebildet, die nach Bedarf durch einen Schleifkontakt teilweise kurzgeschlossen werden kann.

6. Frequenzmesser. Es wurden zwei Frequenzmesser benutzt. Für Messungen, bei denen es auf die Einhaltung der Frequenz nicht genau ankommt, sowie zur Grobeinstellung der Frequenz überhaupt wurde ein normaler Zungenfrequenzmesser der Laboratoriumstype von S. & H. benutzt. In Fällen, in welchen die Frequenz sehr genau eingehalten werden muß, also z. B. bei der Bestimmung der Größe eines Flusses aus der in einer Prüfspule induzierten EMK, wobei die Frequenz direkt als Faktor eingeht, wurde ein tragbarer Frequenzmesser (Type Qt) von H. & B. mit einer besonderen vom Verfasser angegebenen Zungenanordnung benutzt. Dieser enthält eine Zungenreihe mit neun Gruppen zu je drei Zungen. Zwischen jeder Gruppe befindet sich eine Lücke von der Breite einer Zunge. Die Zungen sind auf die folgenden Frequenzen (Sollwerte) abgestimmt:

14,95	15	15,05	29,9	30	30,1	44,9	45	45,1
19,95	20	20,05	34,9	35	35,1	49,9	50	50,1
24,95	25	25,05	39,9	40	40,1	54,9	55	55,1

In bekannter Weise können die Zungen durch Nähern eines permanenten Magneten polarisiert und auf diese Weise für die doppelte Frequenz brauchbar gemacht werden, so daß der ganze Meßbereich des Instrumentes die runden Werte der Frequenz zwischen 15 und 110 umfaßt. Die benachbarten Nebenzungen dienen nur zur scharfen Einstellung der mittleren Hauptzungen.

7. Vibrationsgalvanometer. Zu Anfang wurde das Vibrationsgalvanometer von Schering und Schmidt mit einer im Feld eines permanenten Magneten befindlichen Schleife benutzt[1]. Dieses Instrument hat sich im allgemeinen gut bewährt, ist aber bei Messungen, bei denen die Frequenz geändert werden muß, wegen der immerhin umständlichen Abstimmung etwas unbequem. Deshalb wurde bei den späteren Versuchen das neuerdings von Schering und Schmidt angegebene Vibrationsgalvanometer mit elektromagnetischer Abstimmung verwendet[2].

Das Instrument wurde in der Versuchswerkstätte des Zählerlaboratoriums der SSW gebaut und ist im wesentlichen so ausgeführt wie

---

[1] Schering und Schmidt, Arch. f. Elektr. **1**, 254. 1912.
[2] Z. f. Instr. **38**, 1. 1918. E. T. Z. **39**, 410. 1918.

das Originalinstrument. Es sei auch an dieser Stelle Herrn Professor Dr. Schering für die freundliche leihweise Überlassung des Musterinstrumentes bestens gedankt. Jede der vier Wechselstromspulen hat $s = 1000$ Windungen Kupferdraht von $d = 0,23$ mm. Der Widerstand aller Spulen in Serie geschaltet ist $R \approx 60$ Ohm. Die zwei Spulen der Gleichstromerregerwicklung sind aus demselben Draht gewickelt und haben gleichfalls 1000 Windungen. Widerstand beider Spulen in Serie $R \approx 86$ Ohm. Für das Instrument wurden verschiedene Einsätze angefertigt. Bei den meisten Messungen kommt man mit dem Einsatz für die Frequenz $f \approx 15 \div 100$ aus (Nadel aus Eisenblech 0,18 mm stark, 4 mm hoch und 4,5 mm lang).

Die Art der Aufstellung des Instrumentes zeigt die Abb. 44. In die Wand des Beobachtungsraumes ist ein U-Eisen einzementiert. Auf diesem Träger ist, durch Hartgummi und Glimmer isoliert, eine runde, gußeiserne Grundplatte befestigt, auf welcher unter Zwischenschaltung einer kegelförmig gewickelten Stahl-

Abb. 44. Vibrationsgalvanometer und dessen Aufstellung (Schutzmantel abgenommen).

feder ein schwerer Bleiklotz sitzt. Das Instrument selbst steht auf drei auf dem Bleiklotz aufgestellten Hartgummifüßen. Die Zuleitungen zu der Wechselstrom- bzw. Gleichstromwicklung sind durch je ein Messingrohr hindurchgeführt, das von der Grundplatte durch eine Hartgummidurchführung gut isoliert ist. An diesen Durchführungen sind die Anschlußklemmen befestigt. Die Zuleitungen sind mit den Klemmen des Instrumentes durch dünne Silberbänder verbunden. Das Ganze ist durch einen auf der Grundplatte ruhenden Mantel aus legiertem Blech abgeschirmt, der mit einem Deckel aus Gußeisen versehen ist (s. Abb. 45). Der Mantel hat nur eine kleine Öffnung für die Beobachtung des Spiegels.

Diese Aufstellungsart wurde gewählt, um die Möglichkeit zu haben, auch mit Schaltungen zu arbeiten, bei denen das Vibrationsgalvanometer ein hohes Potential gegen Erde hat. In diesem Fall kann die vom Träger isolierte Grundplatte und der Schutzmantel auf das Potential der Wechselstromwicklung des Instrumentes gebracht werden. Durch Verbindung des Mantels mit der Grundplatte des Vibrationsgalvanometers und Zwischenschieben eines besonders geformten Bleches zwischen die Wechselstrom- und die Gleichstromwicklung kann dann eine vollkommene elektrostatische Schirmung des Instrumentes erreicht werden. Dadurch sollen Kapazitäts- und Isolationsströme unterdrückt werden.

Es besteht auch die Möglichkeit, ohne Verbindung der Grundplatte des Galvanometers mit dem Mantel zu arbeiten, wenn die Gleichstromwicklung von einer von Erde gut isolierten und auf das Potential der Wechselstromwicklung gebrachten Batterie gespeist ist. Um auch in dieser Schaltung arbeiten zu können, sind die Regler für die Erregerwicklung isoliert aufgestellt und so dimensioniert, daß sie unter Verwendung einer anderen Erregerwicklung und einer niedervoltigen Stromquelle als Vorschaltwiderstände benutzt werden können.

Beim Arbeiten mit dem Wechselstromkompensator ist bis jetzt kein Bedürfnis eingetreten, von diesen Einrichtungen Gebrauch zu machen, so daß für normale Zwecke die Aufstellung einfacher gehalten werden kann.

Die Aufstellung auf der Stahlfeder hat sich sehr gut bewährt[1]) und dürfte der gebräuchlichen Aufstellung auf Gummibällen u. dgl. vorzuziehen sein.

8. Verschiedenes. Die genaue Beschreibung der übrigen Nebenapparate dürfte sich erübrigen, da dieselben von normaler, allgemein bekannter Bauart sind.

Als Gleichstromgalvanometer wird ein kleines Zeigergalvanometer mit Spitzenlagerung von S. & H. benutzt; das Normalelement ist ein Westonelement mit bei 4° gesättigter Kadmiumsulfatlösung. Die zur Regulierung dienenden Schiebewiderstände sind von S. & H., die übrigen

---

[1]) Es möge hier erwähnt werden, daß ohne die oben beschriebene Vorrichtung zum Aufstellen, ein Arbeiten mit dem Vibrationsgalvanometer infolge der Erschütterungen durch die Straßenbahn und besonders Lastkraftwagen, sowie die im Keller unterhalb des Beobachtungsraumes befindlichen Maschinen nicht möglich war. Eine dieser Maschinen, ein kleiner Motorgenerator von etwa 3 kW Leistung, bestehend aus einem Gleichstrom-Antriebsmotor und einem vierpoligen Drehstromgenerator, hat, wenn die Frequenz des Wechselstromes gleich der Abstimmungsfrequenz des Galvanometers war, Ausschläge des Instrumentes von mehreren Millimetern verursacht, trotzdem der Abstand dieses, auf einem besonderen Fundament stehenden Maschinensatzes von dem Galvanometer etwa 30 m beträgt.

Regler sind die normalen, bei Maschinen verwendeten Typen von
SSW, sie sind jedoch besonders fein abgestuft.

Zum Teil war die Wahl der benutzten Apparate durch schon vor-
handene Teile bedingt.

Abb. 45. Ansicht der Kompensationseinrichtung.

c) Allgemeine Anordnung.

Die gesamte Aufstellung der Apparatur zeigt Abb. 45, die kaum
einer weiteren Erläuterung bedarf. Es sei nur bemerkt, daß der auf
der Abbildung nicht sichtbare Isolierwandler sich in einer Entfernung

von etwa 3 m von der Meßanordnung befindet, die zur Reinigung der Kurve benutzten Drosseln sind in einer Entfernung von etwa 10 m aufgestellt, so daß eine Beeinflussung durch die Streufelder dieser Apparate nicht eintreten kann. Der guten Isolation aller Teile ist eine besondere Sorgfalt gewidmet. Bei Messungen an Apparaten, die hohe Spannung gegen Erde haben, müßten evtl. noch ähnliche Maßnahmen, wie die bei der Besprechung der Aufstellung des Galvanometers erwähnten, getroffen werden. Sie würden sich auf statisches Abschirmen der Apparate und Leitungen beschränken. Meist kann jedoch durch Erdung oder Zwischenschaltung eines Wandlers die Spannung gegen Erde klein gehalten werden.

d) Ausführung der Messung.

Diese geht wie folgt vor sich. Zuerst werden die gekuppelten Umschalter U_1 und U_2 (Abb. 40) auf „Gleichstrom‟ geschaltet; die Meßspannung wird so eingestellt, daß das Voltmeter V einen bestimmten Ausschlag (etwa Vollausschlag) zeigt. Daraufhin wird das Normalelement kompensiert Aus dem abgelesenen Wert R_N des Kompensationswiderstandes ergibt sich die Größe des Meßstromes. Durch Änderung des Vorschaltwiderstandes r_v vor dem Voltmeter kann erreicht werden, daß der Meßstrom einen runden Wert hat. Zur Vornahme der eigentlichen Wechselstrommessung werden die Umschalter U_1 und U_2 umgelegt und dann die Kompensation vorgenommen.

Zuerst wird das Minimum des Ausschlages durch Veränderung des Kompensationswiderstandes eingestellt, wobei diejenige Stellung des Umschalters U_3 gewählt wird, bei der die bessere Einstellung erreicht werden kann. Daraufhin wird die Abgleichung der Phase vorgenommen. Dann wird wieder R_c geändert und dies wird so lange fortgesetzt, bis die völlige Kompensation erreicht ist, wobei man allmählich den Vorschaltwiderstand R_v im Galvanometerkreis vermindert. Bei einiger Übung ist die Kompensation sehr rasch erreicht.

Bei sehr genauen Spannungsmessungen sind am abgelesenen Wert des Kompensationswiderstandes folgende Korrektionen anzubringen (s. hierzu Tab. 10):

1. Korrektion k_K, bedingt durch die Ungenauigkeit des Kompensationswiderstandes. Als solche kommt nur bei kleinen Werten von R_c (etwa $R_c < 10 \, \Omega$) der Kaliberfehler des Schleifdrahtes in Frage.

2. Korrektion, verursacht durch die Fehler des Voltmeters zur Einstellung der Meßspannung. Diese Korrektion berechnet sich auf Grund folgender Überlegung.

Sind für einen und denselben Ausschlag des Voltmeters, entsprechend einem Meßstrom J', bei der Abgleichung mit dem Normalelement von der EMK E_N und bei der Messung der unbekannten Spannung E_x die

Werte des Kompensationswiderstandes R'_N bzw. R'_c, die Sollwerte dagegen R_N bzw. R_c entsprechend dem Meßstrom J, so bestehen offenbar die folgenden Beziehungen:

$$E_x = R'_c J'_c = R'_c \frac{E_N}{R'_N} = R_c J_c = R_c \frac{E_N}{R_N}$$

oder

$$R_c = R'_c \frac{R_N}{R'_N}\,.$$

Setzt man

$$R_c = R'_c + k_N \quad \text{und} \quad R_N = R'_N + \varDelta\,, \quad \text{also} \quad \varDelta = R_N - R'_N,$$

so ist

$$R'_c + k_N = R'_c \frac{R'_N + \varDelta}{R'_N}$$

oder

$$k_N = R'_c\left(1 + \frac{\varDelta}{R'_N} - 1\right) = R'_c \frac{\varDelta}{R'_N}\,.$$

Bei dem benutzten Apparat ist $J = J_c = 0{,}01$ oder $0{,}001$ A, es kann also für das Weston-Normalelement mit $E \approx 1{,}02$ V für kleine Werte von $\varDelta$ gesetzt werden $R'_N \approx 100$ bzw. $1000\,\Omega$, es ist dann $k_N \approx 0{,}01\,R'_c\,\varDelta$ bzw. $0{,}001\,R'_c\,\varDelta$.

e) Untersuchung der Apparatur.

Bevor man die Meßeinrichtung in Benutzung nahm, wurde dieselbe eingehend untersucht, und zwar erstreckte sich diese Untersuchung auf die Prüfung der einzelnen Teile sowie der ganzen Anordnung und Vornahme einer Reihe von Kontrollmessungen.

1. Kontrolle des eigentlichen Kompensators. Es wurden die mechanische Ausführung, die Schaltung und die einzelnen Widerstände kontrolliert:

Der 13 500-Ohm-Widerstand wurde mit Hilfe einer Wheatstonschen Präzisionsbrücke, die übrigen mit einem Feussner-Kompensator von S. & H. gemessen. Bei der Kontrolle der Meßwiderstände der 100, 10 und 1 Ohm-Abteilungen sowie des Gesamtwiderstandes des Schleifdrahtes wurden als Vergleichswiderstände Normalwiderstände von 100, 10 und 1 Ohm verwendet.

Keiner der Meßwiderstände hat eine größere Abweichung vom Sollwert als $0{,}1^o/_{oo}$ gezeigt. Meist waren die Abweichungen noch geringer und übersteigen also kaum die Größe der Beobachtungsfehler.

Ferner wurde der Schleifdraht kalibriert, indem durch ihn ein Strom von 0,1 Ampere, der mit Hilfe eines Amperemeters konstant gehalten wurde, durchgeschickt und der Spannungsabfall zwischen dem

Anfang des Schleifdrahtes und dem Schleifkontakt bei Einstellung auf 0,1, 0,2 Ohm usw. bestimmt wurde. Der Gesamtwiderstand des Schleifdrahtes wurde zu 1,108 Ω gefunden, seine Kaliberfehler sind unbedeutend; sie sind in Tabelle 10 zusammengestellt. Der Widerstand der Verbindungsleitungen und Zuleitungen beträgt maximal etwa 0,005 Ohm.

Auf Grund dieser Resultate folgt, daß die Genauigkeit des Kompensationswiderstandes bei weitem ausreichend ist.

2. Eichung des Phasenschiebers. Der Phasenschieber ist vierpolig gewickelt, daraus ergibt sich, daß eine Verdrehung des Rotors um 0,5° räumlich einem elektrischen Grad entspricht. Zwecks Herstellung der Teilung wurde der Durchmesser des abgedrehten Lagerschildes bestimmt und auf Grund dieser Messung die Teilung auf Zelluloid angefertigt, wobei die Skalenintervalle etwas größer gewählt worden sind, als sie sich aus den Dimensionen ergeben [1]. Beim Aufschrauben der Teilung wurde dann unter dieselbe ein Streifen Preßspan von solcher Stärke gelegt, daß sich der richtige Wert eines Skalenteiles ergeben hat. Dieser wurde nach der weiter unten beschriebenen Methode ermittelt.

Für kleine Winkel δ ist die Verdrehung des Rotors proportional tg δ, also der Verdrehung der Mikrometerschraube. Ist h die Ganghöhe der Schraube, so berechnet sich der Abstand des Angriffspunktes der Schraube von der Drehachse des Rotors zu $r = \dfrac{h}{\text{tg}\,0,5°}$ [2]. Vor der definitiven Aufstellung des Kompensators wurde mit Hilfe

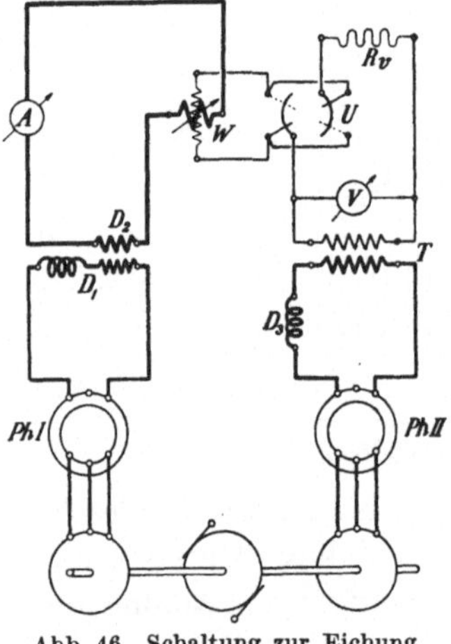

Abb. 46. Schaltung zur Eichung des Phasenschiebers.

eines Wattmeters eine genaue Eichung der Teilung vorgenommen. Die dabei benutzte Schaltung zeigt die Abb. 46.

Die Primärseite (Läufer) des zu eichenden Phasenschiebers *Ph I* (Type *MDT* 94 der SSW) ist an einen der Drehstromgeneratoren des bei Messung mit dem Wechselstromkompensator benutzten Maschinensatzes angeschlossen [3]. Sekundär (an den Stator) sind 12 aufeinanderliegende, in Reihe geschaltete, flache eisenfreie Drosselspulen D_1 zu je 210 Windungen angeschlossen. Zwischen die zehnte und elfte Spule sind zwei parallel geschaltete Spulen D_2 von gleicher Form eingeschoben.

---

[1]) $d = 352,0 + 4,0 = 356,0$ mm (4,0 Zuschlag für Skalendicke und Unterlage) $1° = \dfrac{\pi}{2 \cdot 360} \cdot 356,0 = 1,55_3$ mm.

[2]) h ist 0,5 mm, tg 0,5° = 0,008727, also $r = 114,58 \approx 114,6$ mm.

[3]) Siehe Fußnote S. 89.

Auf diese Weise bilden die erstgenannten 12 Spulen die primäre Wicklung eines eisenfreien Transformators, die zwei letztgenannten die sekundäre. Der Transformator hat eine sehr große Streuung und ist deshalb im Schaltbild als ein Transformator mit vorgeschalteter Drossel angedeutet. Die sekundäre Wicklung ist über ein Amperemeter A und die Stromspule eines Wattmeters W geschlossen

An den zweiten Generator desselben Maschinensatzes ist die Primärwicklung (Läufer) eines zweiten Phasenschiebers $Ph\ II$, der ähnlich wie der Phasenschieber $Ph\ I$, nur etwas größer ist (Type MDT 124), angeschlossen. An der Sekundärwicklung dieses Phasenschiebers liegt unter Vorschaltung von Drosselspulen D_3 die Primärwicklung eines Stromwandlers T mit dem Übersetzungsverhältnis 5/0,15 Ampere[1]). Die Drossel $D_3^{\cdot}$ besteht aus 6 Stück aufeinandergelegten Spulen von der gleichen Form wie die oben erwähnten. An der Sekundärwicklung des Stromwandlers liegen in Parallelschaltung ein Voltmeter V und unter Zwischenschaltung eines Vorschaltwiderstandes R_v und eines Stromwenders U die Spannungsspule des Wattmeters. Der Phasenschieber II ermöglicht die Ströme in der Strom- und der Spannungsspule des Wattmeters bei Beginn einer Messung in eine solche Phase zu bringen, daß der Wattmeterausschlag während der Messung möglichst klein bleibt und dadurch eine große Genauigkeit der Winkelmessung erreicht wird.

Die Eichung ging wie folgt vor sich: Auf der Skala des Phasenschiebers I wurde ein Winkel β, beispielsweise $\beta = 10$ eingestellt. Dann wurde mit Hilfe des Phasenschiebers II der Wattmeterausschlag ungefähr auf 0 gebracht. Die Einstellung des Phasenschiebers II blieb dann während der ganzen Versuchsreihe unverändert. Die Stromstärke J, Spannung E und Frequenz f wurden konstant gehalten[2]) und zwar wurden zur Erreichung einer möglichst hohen Genauigkeit das Amperemeter und das Voltmeter genau auf einen Teilstrich eingestellt[3]), Der Ausschlag α_W des Wattmeters[4]) ist dann proportional dem Kosinus des Phasenverschiebungswinkels φ zwischen den Strömen in der Strom- und in der Spannungsspule oder proportional dem Sinus des Winkels $\gamma = 90° - \varphi$, wobei γ die Verdrehung des Phasenschiebers I gemessen in elektrischen Graden aus der Lage, bei der die beiden Ströme um 90° gegeneinander verschoben sind, bedeutet.

Bei der Verdrehung der Phasenschieber schwankt ihre sekundäre Klemmenspannung etwas, so daß bei der Messung die Erregung der

---

[1]) Trotz der hohen Sekundärspannung ($E \approx 120$ V) ist der Wandler als ein Stromwandler anzusehen.

[2]) Die Regelung erfolgte ausschließlich durch Ändern der Felderregung der Maschinen.

[3]) Vor der Messung wurde das Ampere-, Volt- und Wattmeter geeicht.

[4]) Je nach der Lage des Stromwenders U wurde bei der Messung der Winkel als positiv oder negativ angenommen.

Maschinen geändert werden muß. Ferner ändert sich naturgemäß die Phasenverschiebung in den Stromkreisen bei Änderung der Frequenz. Aus diesem Grunde wurde ein Vorversuch (der auch für die Messungen mit dem Kompensator wichtig ist) ausgeführt, bei dem der Einfluß der Änderung von E, J und f festgestellt worden ist. Die aus dem Ausschlag des Wattmeters sich ergebende Verschiebung, umgerechnet auf 1% Änderung der betreffenden Größe, sei mit δ unter Hinzufügung des der veränderten Größe, entsprechenden Index bezeichnet. Diese Größen ergaben sich zu

$$\delta_E = 0{,}01_5° \qquad \delta_J = 0{,}01° \qquad \delta_f = 0{,}21°$$

Die Änderung der Erregung der beiden Wechselstromgeneratoren ist also praktisch ohne Einfluß auf den Winkel. Der Einfluß der Frequenz ist etwas größer, jedoch auch belanglos, da die Frequenz mindestens auf 0,1% genau konstant gehalten werden konnte. Dieser Einfluß der Frequenz ist durch die Verschiedenheit des Verhältnisses des Ohmschen zum induktiven Widerstande im Kreise der beiden Phasenschieber bedingt.

Die eigentliche Eichung erstreckte sich zunächst auf die Bestimmung der Verdrehung des Phasenschiebers, die einem Winkel $\gamma = 180°$ entspricht. Bei dieser Messung, bei der von der Einstellung $\beta = 10$ ausgegangen worden ist, wurde γ für $\beta = 7 \div 13$ Skalenteile von 1 zu 1 Skalenteil bestimmt, entsprechend für $\beta = 187 \div 193$. Die gefundenen Werte von γ wurden als Funktion von β graphisch aufgetragen und durch diese Punkte so gut als möglich eine gerade Linie gezogen. Der Schnittpunkt dieser Geraden mit der Abszissenachse ergibt die Werte

$$\beta_0 \text{ und } \beta_{180}, \quad \text{die} \quad \gamma = 0 \quad \text{bzw.} \quad \gamma = 180°$$

entsprechen. Die Differenz $\varDelta\beta_{0/180} = \beta_{180} - \beta_0$ dieser Werte ist die Anzahl der Skalenteile für eine Phasenverschiebung von 180 elektrischen Graden.

$\varDelta\beta_{0/180}$ wurde zu 179,75° gefunden, also liegt die Abweichung vom Sollwert (180) in der Größenordnung der Beobachtungsfehler. In ganz derselben Weise wurde daraufhin die Eichung des Phasenschiebers von 30 zu 30° ausgeführt und daraus die Größen $\varDelta\beta_{0/30}$ berechnet. Die Summe dieser Werte ergibt wieder $\varDelta\beta_{0/180}$, und zwar wurde $\varDelta\beta_{0/180}$ = 180,2° gefunden, also auch eine zu vernachlässigende Abweichung vom Sollwert. Die Eichung von 30 zu 30° erschien nötig, da das Resultat der Eichung bei 0 und 180° noch keinen sicheren Schluß auf die Richtigkeit der Zwischenwerte zuläßt. Um festzustellen, ob nicht Sprünge in kleinen Intervallen vorhanden sind, wurde ferner noch die Eichung eines Bogens von 10° von 0,5° zu 0,5° ausgeführt. Auch diese Messungen ergaben nur Abweichungen in der Größenordnung der

Beobachtungsfehler. Die einzelnen Meßwerte sind in Tab. 11 wiedergegeben.

Die Resultate zeigen, daß die Ablesung der Winkel in jeder Lage
auf etwa 0,2° genau ist.

Es sei noch hervorgehoben, daß bei der angewandten Methode
keinerlei Korrektionen wegen Phasenverschiebung im Spannungs-
kreise des Wattmeters nötig sind. Dagegen müssen die Kurven des
Stromes in der Strom- und Spannungsspule so gut wie möglich sinusförmig sein, da es bei der Messung auf die Phasenverschiebung der
Grundwellen ankommt, der Ausschlag des Wattmeters dagegen von der
äquivalenten Phasenverschiebung der verzerrten Wellen abhängt.
Um die Kurven sinusförmig zu erhalten, wurden die Vorschaltdrosseln

Abb. 47. Kontaktapparat.

D_1 und D_3 angewandt. Die Analyse der mit Hilfe des Oszillographen
aufgenommenen Kurven ergab, daß die Kurven fast genau sinusförmig
waren. Die Abweichungen von der Sinusform übersteigen kaum die
Meßfehler.

3. Eichung des Frequenzmessers. Der für genaue Messung der Frequenz bestimmte Frequenzmesser wurde geeicht, indem die Frequenz
des Erregerstromes bei Resonanz für die Hauptzungen aus der Drehzahl des Generators bestimmt worden ist. Wie Vorversuche gezeigt
haben, kann mit Hilfe der gewöhnlichen Umdrehungszähler und der
Stoppuhr die angestrebte Genauigkeit nicht erreicht werden. Aus diesem
Grunde wurde die Drehzahl mit Hilfe des auf S. 58 beschriebenen
Chronographen und eines besonderen Kontaktapparates ausgeführt.
Der Kontaktapparat Abb. 47 besteht aus einer mit der Welle der

Maschine gekuppelten Schnecke, deren Umdrehungen auf ein Schneckenrad mit 99 Zähnen übertragen werden[1]). Auf der Achse dieses Rades sitzt ein Hebel, der bei jeder Umdrehung (also nach je 99 Umdrehungen der Maschine) zwei Federn zusammendrückt und dadurch einen Kontakt schließt. Dieser Kontakt liegt in Serie mit einer der Drehspulen des Chronographen und einem Vorschaltwiderstand von etwa 1000 Ω im Stromkreis einer Batterie von 2 Volt. Das Schließen und besonders das Öffnen des Stromes erfolgt sehr genau. Die zweite Drehspule des Chronographen wurde wie sonst an die Kontaktvorrichtung der Normaluhr angeschlossen.

Jede Messung dauerte etwa 100 Sekunden. Da die Ablesung auf dem Streifen auf mindestens 0,02 Sekunden genau vorgenommen werden kann, so ist also die Messung der Drehzahl auf mindestens 0,2 $^0/_{00}$ genau. Jede Meßreihe besteht aus drei Einzelbeobachtungen. Vor jeder Beobachtung wurde die Frequenz zuerst etwas geändert und dann von neuem eingestellt, um völlig unabhängige Werte zu erhalten. Bemerkenswert ist, daß bei wiederholter Einstellung die Frequenz innerhalb der Meßgenauigkeit stets den gleichen Wert besitzt. Als Resonanzfrequenz wurde dabei eine solche angesehen, bei der das Schwingungsbild in bezug auf die mittlere Zunge symmetrisch war. Die Meßwerte sind in Tab. 12 zusammengestellt.

4. **Untersuchung des Vibrationsgalvanometers.** Es wurden die charakteristischen Kurven des Galvanometers aufgenommen. Von der Wiedergabe derselben wurde abgesehen, da sie an und für sich für das Arbeiten mit dem Wechselstromkompensator ziemlich unwesentlich sind; sie zeigen etwa den gleichen Verlauf wie die in der Abhandlung von Schering und Schmidt enthaltenen[2]). Ferner wurde die Isolation der einzelnen Wicklungen gegeneinander und gegen das Magnetgestell bestimmt. Der Isolationswiderstand ist so hoch, daß beim Arbeiten mit dem Kompensator keine merklichen Ströme zur Erde fließen können.

5. **Untersuchung der Gesamtanordnung.** Nach dem Aufbau aller Apparate wurde zuerst untersucht, ob infolge der Isolations- und Kapazitätsströme merkliche Stromübergänge zur Erde stattfinden. Zu diesem Zwecke wurde der eine Pol des Isolierwandlers an Erde, der andere über das Vibrationsgalvanometer an den Kompensator gelegt. Es wurde dabei keine merkliche Ablenkung des Galvanometers festgestellt.

Ferner wurde die Kurvenform des Meßstromes bestimmt. Zu diesem Zweck wurde zwischen den Kompensator und den Schalter U_1 (Abb. 40) ein induktionsfreier Normalwiderstand von 1 Ohm eingebaut und

---

[1]) Es wurde dabei ein vorhandenes Schneckenrad benutzt, bequemer wäre natürlich die Zähnezahl 100.

[2]) l. c. (Fußnote 1, S. 82).

an diesen die Schleife des Oszillographen (normaler Oszillograph von
S. & H.) angeschlossen. Die Oszillogramme wurden bei einer Meßspannung
von 15 Volt und den Frequenzen 15, 50 und 100 aufgenommen. Es sei
bemerkt, daß man bei $f = 100$ den Oszillographenmotor mit der Hälfte
der synchronen Drehzahl ($n = 1500$) laufen ließ, da die Verwendung der
synchronen Drehzahl bedenklich erschien. Die aufgenommenen Kurven

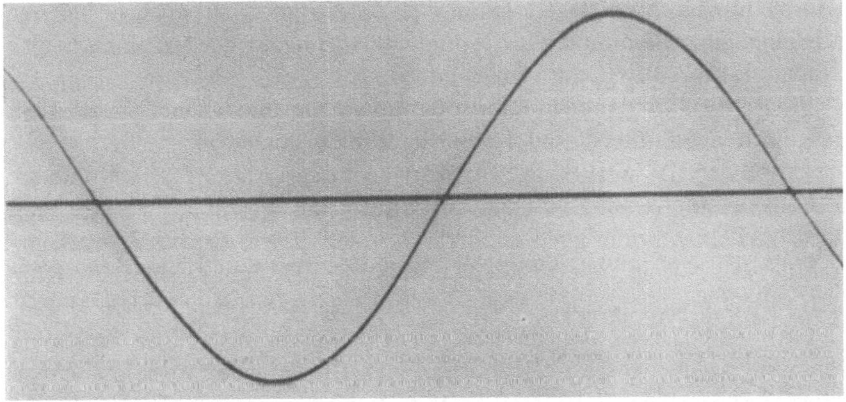

a) bei $f = 15$.

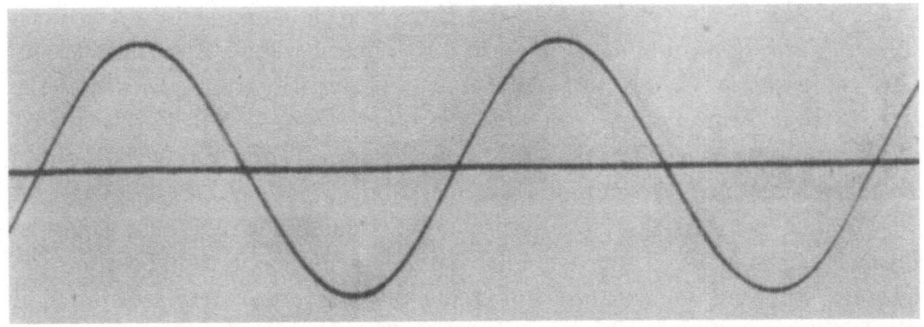

b) bei $f = 100$.
Abb. 48. Oszillogramme des Meßstromes.

lassen keine merkliche Abweichung von der Sinusform erkennen.
Abb. 48a und 48b sind Photographien der Oszillogramme für $f = 15$
und $f = 100$ in etwa natürlicher Größe. Die aufgenommenen Kurven
wurden analysiert. Das Ausmessen der Oszillogramme geschah mit
Hilfe eines mit einem großen Kreuztische ausgerüsteten Mikroskopes
von Zeiss[1]). Die Berechnung wurde nach der Methode von R u n g e

---

[1]) Näheres soll an einer anderen Stelle berichtet werden.

ausgeführt[1]). In Tab. 13 sind die gemessenen Ordinaten für 0°, 15°, 30° usw., ferner die aus diesen berechneten Koeffizienten A_1, A_3 usw. der Gleichung der Kurve sowie die durch die Verzerrung der Kurve bei sinusförmigem Verlauf der zu messenden Spannung verursachten Fehler angeführt[2]).

Die Ergebnisse der Analyse der Kurven zeigen, daß der Meßstrom bei allen Frequenzen praktisch sinusförmig ist. Die beobachteten Abweichungen übersteigen kaum die Meßfehler und würden bei der Messung einer Spannung von absolut sinusförmigem Verlauf einen Fehler von nur etwa $0,1^0/_{00}$ zur Folge haben.

6. Kontrollmessungen. Es wurden unter verschiedenen Verhältnissen bekannte Spannungen und bekannte Winkel gemessen.

α) Messung von Spannungen von sinusförmigem Verlauf. Um voneinander unabhängige Resultate zu erhalten, wurden zwei verschiedene Anordnungen benutzt. Bei der ersten wurden Spannungsabfälle an Normalwiderständen bestimmt, die von einem mit Hilfe von dynamometrischen Amperemetern gemessenen Strom durchflossen waren. Bei der zweiten wurden Spannungsabfälle an einem Spannungsteiler gemessen, an dem die Gesamtspannung mit einem dynamometrischen Voltmeter bestimmt worden ist. In beiden Fällen wurde die Kurve der zu messenden Spannung durch Drosselspulen gereinigt. Die Instrumente wurden unmittelbar vor der Messung mit Gleichstrom geeicht. Ein Teil der Meßresultate ist in Tab. 14 wiedergegeben. Es ist zu ersehen, daß die Einzelwerte bei einer und derselben Messung von Spannungen über etwa 0,5 Volt auf wenige Zehntausendstel der gemessenen Größe untereinander übereinstimmen. Dies ist die Grenze der Genauigkeit, mit der man unter günstigen Verhältnissen die Einstellung des Zeigers auf einen Teilstrich der Skala bei guten Zeigerinstrumenten vornehmen kann.

Die mit dem Wechselstromkompensator gemessenen Werte stimmen meist innerhalb $1^0/_{00}$ mit den mit den Zeigerinstrumenten bestimmten überein, sie sind vorwiegend höher als die letzteren. Am größten sind die Differenzen bei der Messung bei $f = 75$ mit dem 5-A-Amperemeter. Diese Unterschiede sind auf die Abweichungen der Angabe der dynamometrischen Instrumente bei Wechselstrom gegenüber denen bei Gleichstrom zurückzuführen.

Auf Grund dieser Ergebnisse kann angenommen werden, daß man mit dem Wechselstromkompensator Spannungen bis 0,5 Volt herunter auf 0,5 bis $1^0/_{00}$ genau messen kann.

---

[1]) E. T. Z. **26**, 247, 1905; siehe auch Kittler-Petersen, „Allgemeine Elektrotechnik", Bd. II, S. 296.

[2]) Ein vollständiges Beispiel der Auswertung einer Kurve nach der gleichen Methode findet sich in Tab. 15.

Bei noch kleineren Spannungen ist die Genauigkeit entsprechend geringer. Es sei noch bemerkt, daß auch Messungen mit einem Meßstrom von 1 m A ausgeführt worden sind. Bei diesen hat sich herausgestellt, daß das Ergebnis dabei nicht genauer als bei Messungen mit 10 m A ist, da die letzten Stellen des Kompensationswiderstandes infolge zu geringer Empfindlichkeit des Galvanometers nicht mehr voll ausgenutzt werden können.

β) Messung einer Spannung von verzerrter Kurvenform. Diese wurde ausgeführt, um einen experimentellen Beweis für die Richtigkeit der über die Größe der Fehler, die durch Kurvenverzerrung verursacht werden, angestellten theoretischen Betrachtungen zu erbringen (s. S. 70). Es wurde der Spannungsabfall an einem induktionsfreien Normalwiderstand bestimmt, der von einem mit Hilfe eines dynamometrischen

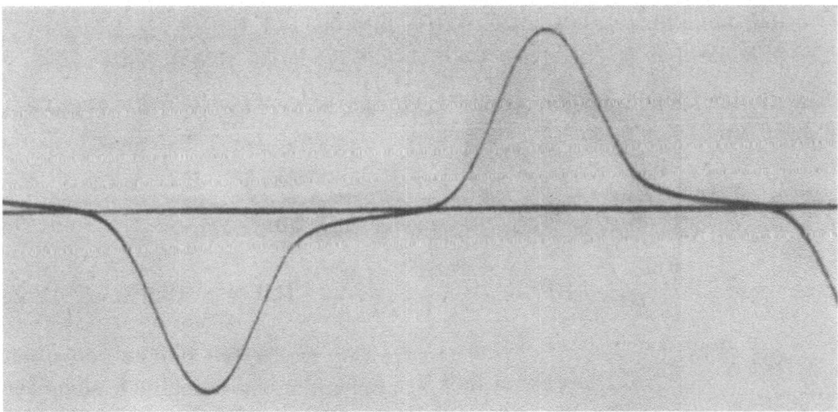

Abb. 49. Das Oszillogramm der verzerrten Kurve.

Amperemeters gemessenen Magnetisierungsstrom einer stark gesättigten Drossel durchflossen wurde. Den Verlauf der Spannungskurve zeigt Abb. 49.

Ohne Vorschaltwiderstand im Galvanometerkreis war die Abgleichung des Kompensators unsicher und nur sehr schwer zu erzielen. Es verblieb immer noch ein bedeutender Ausschlag des Vibrationsgalvanometers, der sich infolge von Interferenzerscheinungen fortwährend änderte. Eine Einstellung des Minimums war jedoch schon gut möglich, wenn man dem Galvanometer 5000 Ohm vorschaltete. Ferner wurde ein Versuch mit einer Drosselspule mit einem Ohmschen Widerstand von $R \approx 100$ Ohm und einem Selbstinduktionskoeffizienten $L \approx 10\,H$ ausgeführt. Bei dieser Schaltung war die Abgleichung sehr gut. Daraufhin wurde noch ein Kondensator in den Kompensationszweig eingeschaltet, wobei die Größe der Kapazität ($C \approx 1\ \mu F$) so gewählt wurde, daß sich die Drossel und das Vibrationsgalvanometer mit dem Kondensator in Spannungsresonanz befanden. Bei dieser Schaltung war die Abgleichung sehr gut und die Anordnung war in bezug auf die Grundwelle sehr empfindlich. In allen drei Fällen ergab sich praktisch der gleiche Wert des Kompensationswiderstandes und der Einstellung des Phasenschiebers.

Aus der Angabe des Amperemeters und der Größe des Normalwiderstandes berechnet sich die mit dem Kompensator bei der Frequenz $f = 50$ gemessene Spannung zu $E_{\mathfrak{S}} = 1{,}008$ V. Der Kompensator war abgeglichen bei einem Kompensationswiderstand $R_c = 90{,}24\ \Omega$ (korrigierter Wert); dieser Wert entspricht dem Effektivwert der Grundwelle (s. S. 70). Dieser beträgt also $E_1 = 0{,}9024$ V.

Die Analyse ergab folgende Gleichung der Spannungskurve

$$e_t = 17{,}62 \sin \omega\, t - 2{,}14 \sin 3\, \omega\, t - 1{,}25 \sin 5\, \omega\, t - 0{,}04 \sin 7\, \omega\, t$$
$$+ 0{,}05 \sin 9\, \omega\, t - 0{,}04 \sin 11\, \omega\, t - 6{,}86 \cos \omega\, t + 4{,}79 \cos 3\, \omega\, t$$
$$+ 4{,}60 \cos 5\, \omega\, t - 6{,}17 \cos 7\, \omega\, t - 3{,}98 \cos 9\, \omega\, t + 0{,}03 \cos 11\, \omega\, t\,.$$

Aus dieser Gleichung berechnet sich der Effektivwert der verzerrten Kurve zu

$$E = E_1 \cdot 1{,}1363, \quad \text{es ist also bei}\ E_1 = 0{,}9024\ \text{V} \quad E = 1{,}025\ \text{V}.$$

Der Fehler der Kompensationsmessung wäre demnach

$$\varDelta = \frac{E_1 - E}{E} \cdot 100 = \frac{0{,}9024 - 1{,}025}{1{,}025} \cdot 100 = -12{,}0\%\,.$$

Legt man dagegen als Effektivwert der verzerrten Kurve den oben mit $E_{\mathfrak{S}}$ bezeichneten Wert 1,008 V, zugrunde, so berechnet sich der Fehler zu

$$\varDelta_{\mathfrak{S}} = \frac{E_1 - E_{\mathfrak{S}}}{E_{\mathfrak{S}}} \cdot 100 = \frac{0{,}9024 - 1{,}008}{1{,}008} \cdot 100 = -10{,}5\%\,.$$

Die Differenz der beiden Werte ist also $\varDelta - \varDelta_{\mathfrak{S}} = -1{,}5\%$.

Diese Abweichung ist zum Teil auf die Ungenauigkeit der Kurvenanalyse, zum Teil auf die Abweichung der Angaben des Amperemeters bei verzerrtem Wechselstrom gegenüber den Angaben bei Gleichstrom (s. S. 106) zurückzuführen. Die Ergebnisse der Messungen zeigen deutlich die Richtigkeit der theoretisch abgeleiteten Beziehungen.

Die einzelnen Meßwerte und deren Auswertung sind in Tab. 15 zusammengestellt.

γ) Messung bekannter Winkel. Zur Kontrolle der Winkelmessung wurde folgender Versuch gemacht. In Serie mit einem Ohmschen Widerstand R (Präzisionskurbelkasten bzw. Normalwiderstand) wurden bekannte Induktivitäten L (Normale der Selbstinduktion) geschaltet. Es wurde die Einstellung des Phasenschiebers bei der

Messung der Klemmenspannung an R und an der Serienschaltung von R und L bestimmt. Die Differenz der beiden Einstellungen ergibt die Phasenverschiebung zwischen Strom und Spannung in dieser Serienschaltung. Der Sollwert des Winkels läßt sich aus den bekannten Werten der Widerstände Induktivität und Frequenz berechnen.

Ferner wurde der Winkel zwischen dem Strom in der Primärwicklung einer Normalen der gegenseitigen Induktion und der sekundär induzierten Spannung gemessen.

Die Übereinstimmung der gemessenen und berechneten Werte ist im allgemeinen eine ziemlich gute. Die Differenzen bei Winkeln bis etwa $100'$, die an dem Mikrometer abgelesen werden, liegen unterhalb 2% des gemessenen Wertes; diejenigen bei großen Winkeln bis etwa $90°$, die auf der Skala abgelesen werden, betragen etwa $0,5° \div 1°$.

In Tab. 16 sind beispielsweise die Resultate der Messung kleiner Winkel wiedergegeben.

f) Schlußbemerkungen.

Die Resultate der Kontrollmessungen zeigen, daß der Wechselstromkompensator in der benutzten Form allen praktischen Anforderungen genügt. Die Voraussetzung zur Ausführung genauer Messungen ist eine genügend reine Kurvenform, die sich jedoch meist leicht erzielen läßt.

Eine weitere Verbesserung der Apparatur ist in zwei Richtungen anzustreben. 1. Anwendung eines besseren Instrumentes zur Messung bzw. Konstanthaltung der Meßspannung oder des Meßstromes (s. hierzu S. 93), 2. Verbesserung des Phasenschiebers, und zwar einerseits in der Beziehung, daß beim Verdrehen desselben die Klemmenspannung praktisch konstant bleibt, andererseits, daß die Verdrehung genau proportional dem Phasenverschiebungswinkel wird. In dieser Beziehung scheint der Phasenschieber von Drysdale günstiger zu sein als der vom Verfasser benutzte.

Ferner dürfte es für einige Zwecke empfehlenswert sein, die Schaltung so zu treffen, daß man mit demselben Apparat auch Gleichstromspannungen messen kann. Dies ist sehr leicht möglich, wurde jedoch bis jetzt einerseits deshalb nicht gemacht, weil kein Bedürfnis dafür vorlag, da in demselben Raum eine vollständige, sehr vollkommene Kompensationseinrichtung für Gleichstrom aufgestellt ist und weil andererseits k ine gut isolierte Batterie für den Meßstrom zur Verfügung stand[1]).

---

[1]) Während des Druckes der vorliegenden Arbeit ist das Bedürfnis entstanden, die Meßeinrichtung in einem anderen Raum aufzubauen und auch für Gleichstrommessungen brauchbar zu machen. Zu diesem Zwecke erhielten die

Ein Zusammenbau des Phasenschiebers und anderer Apparate zu einem Ganzen mit dem eigentlichen Kompensator, wie dies bei dem Apparat von Drysdale der Fall ist. dürfte sich nicht empfehlen, da die Apparatur dadurch weniger universell verwendbar wird und die Kontrolle der einzelnen Teile erschwert sein dürfte; ferner sind schädliche gegenseitige Beeinflussungen der einzelnen Teile zu befürchten.

Umschalter U_1 und U_2 (s. Abb. 40) je eine dritte Stellung. Die entsprechenden Kontakte wurden bei U_1 so angeschlossen, daß auch bei der dritten Stellung der Kompensator an der Batterie liegt. Die Schaltung von U_2 wurde so getroffen, daß bei der ersten Stellung die zu messende Wechselspannung angelegt werden kann, bei der zweiten das Gleichstromgalvanometer und das Normalelement und bei der dritten die zu messende Gleichspannung und dasselbe Gleichstromgalvanometer. Als Akkumulatorenbatterie B werden transportable, gut gegen Erde isolierte Zellen benutzt. Das Gleichstromzeigergalvanometer wurde durch ein Spiegelinstrument von kurzer Schwingungsdauer ersetzt. Es möge an dieser Stelle hervorgehoben werden, daß im allgemeinen bei stationären Einrichtungen ein Spiegelgalvanometer einem Zeigergalvanometer vorzuziehen ist, da es einerseits gegen gelegentlich vorkommende stärkere Stromstöße unempfindlicher ist und andererseits bei der gleichen Meßgenauigkeit nicht so genau abgelesen zu werden braucht. Die oft vertretene Ansicht, daß ein Zeigergalvanometer eine raschere Messung erlaubt, ist entschieden nicht richtig.

Ferner ist die Verwendung eines neuen Phasenschiebers vorgesehen. Dieser soll kleiner als der oben beschriebene sein; außerdem soll durch Schrägstellung der Nuten und Vergrößerung des Luftspaltes eine bessere Proportionalität der Verdrehung in elektrischen Graden und der räumlichen Verdrehung, sowie eine bessere Konstanz der Spannung erreicht werden. Als Instrument zur Einstellung der Meßspannung soll ein dynamometrisches Voltmeter mit unterdrücktem Nullpunkt oder ein dynamometrisches Amperemeter, gleichfalls mit unterdrücktem Nullpunkt, verwendet werden. Im letzten Falle ist geplant, die Meßspannung von einem in Serie mit dem Amperemeter liegenden induktionsfreien Widerstand abzugreifen.

Tabellen.

(Bei den in den Tabellen angeführten Werten der an den Meßinstrumenten abgelesenen Größen sind, soweit es nicht anders vermerkt ist, die Instrumentenkorrektionen berücksichtigt.)

Tabellen 1 bis 3 Versuche über Triebströme.

(Hierzu s. II, 4 S. 24 und IV, 1 S. 51.)

1. Triebströme in einer Kupferscheibe.

A. Daten der Scheibe.

a) **Leitfähigkeit des Materials.** Es wurden drei Streifen Nr. 1, 2 und 3 von dem Blech, aus dem die Scheibe hergestellt ist, abgeschnitten (zwei der Streifen in einer Richtung und der dritte senkrecht dazu).

Bezeichnungen: l_1 die Gesamtlänge des Streifens in m; l die Meßlänge (Entfernung der Spannungsschneiden) in m; m Masse in g; τ Temperatur; R Widerstand in Ω [1]); spezifisches Gewicht angenommen zu $s = 8,89$ [2]).

$$\text{Leitfähigkeit } \varkappa = \frac{l\, l_1\, s}{m\, R}.$$

Nr.	l_1	l	m	τ	R	$\varkappa$
1	0,2758	0,20	12,579	19,5	0,0006673	58,4
2	0,2760	0,20	14,079	19,5	5968	58,4
3	0,2756	0,20	13,095	19,5	6407	58,4

Leitfähigkeit umgerechnet auf $\tau = 20°$: $\varkappa_{20} = 58,3$.

b) **Dimensionen der Scheibe.** Durchmesser $d = 13,00$ cm; Fläche $F = 132.732$ cm; Masse $m = 70,145$ g, also Dicke

$$\vartheta = \frac{70,145}{132,732 \cdot 8,89} = 0,05945 \text{ cm.}$$

$$\varkappa \vartheta = 3,465.$$

---

[1]) Der Widerstand wurde mit Hilfe einer Thomsonbrücke bestimmt. Beschreibung der benutzten Apparatur siehe Helios **24**, 257 u. 265. 1918.

[2]) Da die Dicke der Scheibe ϑ unter Zugrundelegung des gleichen spezifischen Gewichtes bestimmt worden ist, so ist für das Resultat der Messung das wirkliche spezifische Gewicht bedeutungslos.

B. Messung der Scheibenströmung.

Bezeichnungen (siehe auch Abb. 29 und 30):

E_Φ die in der Prüfspule (Windungszahl $s = 200$) induzierte EMK in Volt.

J_0 bzw. J Stromstärke in der magnetisierenden Wicklung ($s = 2506$) ohne und mit Scheibe in mA.

β_E bzw. β_J Ablesung auf der Teilung des Phasenschiebers bei der Messung von E_Φ bzw. J_0 oder J.

J_s die der Scheibenströmung entsprechende Komponente von J in mA.

δ Phasenverschiebung zwischen J_s und $-E_\Phi$.

$J_{s,1}$ J_s umgerechnet auf eine Windung, $\varkappa \vartheta = 3{,}5$, $E_\Phi = 2{,}2215$ (entsprechend $\overline{\Phi} = 5000$, $f = 50$ und $s = 200$), und $\delta = 0$ in Ampere.

$$J_{s,1} = J_s \frac{1}{\cos\delta} \left[1 + 0{,}0039 \, (\tau - 20°)\right] \frac{3{,}5}{3{,}465} \frac{2506}{1} \frac{2{,}2215}{E_\Phi} \, 10^{-3}$$

$$= J_s \frac{1}{\cos\delta} \left[1 + 0{,}0039 \, (\tau - 20°)\right] \frac{1}{E_\Phi} \cdot 5{,}623 \ \text{Amp.}$$

Benutzte Meßinstrumente: Zur Messung von E_Φ, J_0 bzw. J wurde der Wechselstromkompensator benutzt (J_0 bzw. $J = E_J \, R_N$, $R_N = 100 \, \Omega$).

Die Frequenz wurde mit dem auf Seite 94 beschriebenen Zungenfrequenzmesser gemessen (s. auch Tab. 12).

Messung von J_s bei $E_\Phi \approx 2{,}23 \ \text{V} \approx$ const.

Versuch	f	C mF	mit oder ohne Scheibe	τ	E_Φ	β_E	J_0 bzw. J mA	β_J	$\beta_J - \beta_E$ $= \varphi_0$ bzw. φ
A	24,93	0	ohne		2,222	3,7°	51,31	89,8°	86,1°
			mit	27,1°	2,222	6,1	66,97	57,0	50,9
		9,5	ohne		2,223	25,8	18,15₅	25,8	0,0
			mit	26,7	2,224	27,3	54,56	27,8	0,5
B	49,86	0	ohne		2,224₅	6,1	26,46	91,7	85,6
			mit	25,8	2,229	11,0	50,03	45,5	34,5
		2,8	ohne		2,227	26,8	4,49₂	26,5	—0,3
			mit	25,9	2,228	28,8	40,98	31,2	2,4
C	90,00	0	ohne		2,227	15,0	15,41	100,2	85,2
			mit	25,9	2,228	19,3	44,17	45,2	25,9
		0,9	ohne		2,228	27,6	2,11₅	28,9	1,3
			mit	25,9	2,229₅	30,0	38,05	35,6	5,6

Zusammenstellung der Meßergebnisse des obigen Versuches (J_s und δ aus den Diagrammen).

Versuch	f	C	τ	E_Φ[1]	J_s mA	δ	$J_{s,1}$ Amp.
A	24,93	0	27,1°	2,222	38,78	1,1°	100,9
		9,5	26,7	2,2235	36,40	0,7	94,6
B	49,86	0	25,8	2,227	39,20	3,0	101,4
		2,8	25,9	2,2275	36,50	2,4	94,3
C	90,00	0	25,9	2,2275	38,62	5,6	100,2
		0,9	25,9	2,229	35,96	5,3	93,2

Resultate des Versuches bei $E_\Phi \approx 1,11\ \mathrm{V} \approx$ const.

Versuch	f	C	τ	E_Φ[1]	J_s mA	δ	$J_{s,1}$ Amp.
D	24,93	0	25,65°	1,111	19,74	0,7°	102,1
		9,8	25,5	1,1115	18,20	0,5	94,1
E	49,86	0	25,5	1,116	19,59	3,1	101,0
		2,9	25,5	1,114	18,21	2,7	94,0
F	90,00	0	24,05	1,115	19,67	5,3	101,2
		1,0	23,95	1,115	18,10	5,7	93,1

2. Messungen mit der Scheibenspule.

$f = 49,86 =$ const.

Versuch	Zustand der Spule	C	Prüfspule E_Φ	β	Hilfsspule E	β	Scheibenspule J_s mA	β	magnet. Wicklung J mA	β
A	offen	0	1,1155	4,2°	0,3517	4,3°			14,21	89,2°
	geschl.		1,115	5,0	0,3500	9,1	158,7	9,1°	15,26	75,7
	offen	3,1	1,113	26,7	0,3506	26,7			2,595	27,8
	geschl.		1,1135	26,7	0,3502	30,6	158,2	30,8	6,277	29,6
B	offen	0	2,225	0,9	0,7004	0,9			26,97	86,1
	geschl.		2,224	2,0	0,6993	5,8	315,6	5,9	29,00	72,3
	offen	3,0	2,223	27,3	0,7018	27,3			4,62	23,3
	geschl.		2,2235	27,0	0,7001	31,0	316,6	31,0	11,92	27,9

[1]) Mittelwert aus E_Φ mit und ohne Scheibe.

Zusammenstellung der Ergebnisse.

Versuch	C	J'_s [1] mA	δ_1	$J'_{s,60}$ [2] mA	J_s mA	δ
A	0	3,81	3,7°	159,0	158,7	4,1°
	3,1	3,69	4,1	154,3	158,2	4,1
B	0	7,36	3,4	308,2	315,6	3,9
	3,0	7,35	3,9	307,0	316,6	4,0

3. Berechnung der Scheibenströmung.

(Hierzu s. II, 2 S. 12, II, 4 S. 24 und Abb 10.)

Annahmen: $r_s = 6{,}5$ cm, $\varkappa\vartheta = 3{,}5$, $r_0 = 1{,}0$ cm, $e = 4{,}0$ cm, $\overline{\Phi}f = 250\,000$.

Berechnung: $\overline{\mathfrak{B}}f = \dfrac{\overline{\Phi}f}{\pi\,r_0^2} = \dfrac{250\,000}{1{,}0^2\,\pi}$.

Nach Gleichung (5), Seite 14, ist

$$C_J = 2{,}2215\,\overline{\mathfrak{B}}f\,\varkappa\vartheta\,10^{-4} = 2{,}2215\,\frac{250\,000}{\pi}\,3{,}5\cdot 10^{-4} = 61{,}871$$

Die Kreise werden so gelegt, daß zwischen je zwei benachbarten 5 A fließen.

Für $r < r_0$ (Kreise unter dem Pol) fließen zwischen dem Mittelpunkte und den einzelnen Kreisen $J = 5;\ 5\cdot 2;\ 5\cdot 3$ Amp. usw. Nach Gleichung (6), Seite 14, ist für $r_1 = 0$, $r_2 = r$ und $J_{1,2} = J$

$$J = \frac{C_J}{2}\,r^2 \quad \text{oder} \quad r = \sqrt{\frac{2\,J}{C_J}}\,.$$

Für $J = 5$ Amp. ist $r = \sqrt{\dfrac{2\cdot 5}{61{,}871}} = 0{,}4020$ cm

Es ergeben sich die folgenden Werte für die Radien der Kreise unter dem Pol:

Kreis Nr.	r
1	$= 0{,}402$ cm
2	$0{,}4020\cdot\sqrt{2} = 0{,}568$,,
3	$\cdot\sqrt{3} = 0{,}696$,,
4	$\cdot\sqrt{4} = 0{,}804$,,
5	$\cdot\sqrt{5} = 0{,}899$,,
6	$\cdot\sqrt{6} = 0{,}985$,,

[1]) Die dem Strom in der Scheibenspule entsprechende Komponente des Stromes in der magnetisierenden Wicklung.

[2]) J' umgerechnet auf $s = 60$, $J'_{s,60} = J'\cdot 2506/60$.

Zwischen dem sechsten Kreis und dem Kreis mit $r = r_0 = 1{,}0$ cm fließen noch

$$J = \frac{C_J}{2}\,(r_2^2 - r_1^2) = 30{,}9353\,(1{,}0^2 - 0{,}9847^2) = 0{,}9404\,\text{A}\,.$$

Für $r > r_0$ (Kreise außerhalb des Poles) ist nach Gleichung (7)

$$J_{1,2} = C_J\,r_0\,\ln\frac{r_2}{r_1} = 61{,}871 \cdot 1 \cdot 2{,}3026 \cdot \log\frac{r_2}{r_1} = 142{,}463\,\log\frac{r_2}{r_1}\,.$$

Zwischen dem Kreis mit $r = r_0$ und dem ersten Kreis außerhalb des Poles, also dem Kreis Nr. 7 fließen $5{,}0 - 0{,}9404 = 4{,}0596$ A. Für diesen Kreis ist also

$$4{,}0596 = 142{,}463\,\log\frac{r}{1{,}0}$$

oder

$$\log r = \frac{4{,}0596}{142{,}463} = 0{,}02849 \quad r = 1{,}0678\ \text{cm}.$$

Für die weiteren Kreise ist

$$\log\frac{r_2}{r_1} = \frac{5{,}0}{142{,}463} \qquad \frac{r_2}{r_1} = 1{,}0842 \quad \text{oder} \quad r_2 = r_1 \cdot 1{,}0842\,.$$

Es ergeben sich also die folgenden Radien der Kreise

Kreis Nr.	r
7	$= 1{,}068$ cm
8	$1{,}0678 \cdot 1{,}0842 = 1{,}158$,,
9	$1{,}1577 \cdot 1{,}0842 = 1{,}252$,,
	usw.

Die zur Konstruktion der Strömung in der Zählerscheibe erforderliche Größe 2a ergibt sich nach Gleichung (8), Seite 15, zu

$$2a = \frac{r_s^2 - e^2}{e} = \frac{6{,}5^2 - 4{,}0^2}{4{,}0} = 6{,}562\ \text{cm}.$$

Aus dem graphisch gewonnenen Strömungsbilde ist zu ersehen, daß außerhalb des Poles fünfzehn 5 Ampere-Kreisringe liegen. Diesen entsprechen $15 \cdot 5 = 75$ AW. Für die Ringe, die ganz oder zum Teil innerhalb der Polspuren liegen, berechnet sich die Amperewindungszahl zu

$$\frac{F_\Phi}{\pi\,r_0^2}\,,$$

wobei F_Φ die Fläche des von der Strömung umfaßten Teiles der Polspur bedeutet. Für die Berechnung von F_Φ wurden als Bahnen der Strömung Kreise, deren Radien gleich dem Mittelwert aus den Radien der Begrenzungskreise der betreffenden Stromringe sind, angenommen. Auf diese Weise berechnet sich die Amperewindungszahl, die den fraglichen Kreisen entspricht zu 25,87. Die gesamte Amperewindungszahl ist also $100{,}87 \approx 100{,}9$.

Tabellen 4 bis 9 Versuche über Bremsströme.

(hierzu s. III, 4 S. 45 und IV, 2 S. 55).

4. Daten des Antriebsmotors.

Ankerwicklung: Drei Spulen in offener Schaltung (Stern) pro Spule $s = 100$ Wdg., $d = 0{,}2$ mm, $Cu \times\times$ Seide.

Widerstand der Spulen bei $\tau = 18{,}9°$: 8,08, 8,06, 8,06 Ω .

Mittelwert $R = 8{,}06_7$, umgerechnet auf $\tau = 20{,}0°$ $R = 8{,}10_2\ \Omega$, also Ankerwiderstand $R_a = 2\,R = 16{,}20_4 \approx 16\ \Omega$ [1]).

EMK E_a und Konstante M (s. S. 59).

Klemmenspannung E_k mit Hilfe eines Millivoltmeters mit Bandaufhängung gemessen. α Ausschlag, c Konstante des Instrumentes.

$$E_a = E_k + \varepsilon_a \qquad \varepsilon_a \text{ Spannungsabfall des Ankers}$$

$$E_k = \alpha \cdot c, \qquad \varepsilon_a = J_{\mathrm{mV}} \cdot R_a = \alpha \cdot 10^{-4} \cdot 16 .$$

u Umdrehungszahl in der Zeit t $\qquad n = \dfrac{u}{t} = $ Drehzahl/Sek.

Nr.	α	c	E_k mV	ε_a mV	E_a mV	u	t	$\dfrac{E_a}{n} = \dfrac{E_a t}{u}$
1	78,1	0,4	31,2$_3$	0,12	31,3$_5$	15	30,89	64,5$_6$
2	98,5	0,7	68,9$_5$	0,16	69,1$_1$	32	29,92	64,6$_1$
2 a	91,2	0,7	63,8$_4$	0,15	63,9$_9$	30	30,28	64,5$_8$
3	95,7	1,0	95,7$_0$	0,15	95,8$_5$	45	30,42	64,8$_0$ [2])

Mittelwert 64,6$_1$

$$M = \frac{E_a}{n} \cdot 1{,}5915 = 64{,}6_1 \cdot 1{,}5915 = 102{,}8_3\ (\approx 100) .$$

[1]) Im Moment der Überbrückung zweier Kollektorlamellen durch die Bürste ist $R = R + R/2 \approx 12\ \Omega$. Praktisch spielt dieser Wert keine Rolle.

[2]) Diesem unwahrscheinlichen Wert wurde bei der Bildung des Mittelwertes das halbe Gewicht beigemessen.

Also berechnet sich das Bremsmoment zu

$$B = J_a \cdot M = J_a \cdot 102{,}8_3 \; \text{Dyn} \cdot \text{cm} \; (\approx J_a \cdot 100) \; .$$

5. Ankerstrom J_r für den Reibungsausgleich[1]).

(Hierzu s. S. 59 und Abb. 33.)

$R_s = 0{,}1 \; \Omega$ Nebenschlußwiderstand, J Hauptstrom in Ampere.

$E_s = R_s J = 0{,}1 \cdot J$ an den Ankerkreis angelegte Spannung

$R_N = 10 \; \Omega$ Nebenschluß zum Millivoltmeterkreis (Normalwiderstand).

$J_r' = \alpha c$ Strom in R_N in mA.

$$J_r = J_r' + i$$

$i = \alpha \cdot 10^{-4}$ Stromverbrauch des Millivoltmeters,

α Ausschlag, c Konstante des Instrumentes.

u Umdrehungszahl in der Zeit t.

$n = \dfrac{u}{t} = \text{Drehzahl/Sek.}$

Beispiel einer Meßreihe.

$J_r = f(n)$ bei abgenommenen Elektromagneten (Meßreihe A).

Nr.	J	α	c	J_r'	i	J_r	u	t	n
1	0,20	26,1	0,1	0,261	0,003	0,264	5	24,79	0,202
2	0,40	38,7	0,1	0,387	04	0,391	15	31,13	0,482
3	0,60	51,2	0,1	0,512	05	0,517	22	30,50	0,722
4	0,75	62,2	0,1	0,622	06	0,628	28	30,88	0,908
5	0,90	73,4	0,1	0,734	07	0,741	30	27,78	1,080
6	1,05	86,6	0,1	0,866	09	0,875	38	29,69	1,280
7	1,20	98,7	0,1	0,987	10	0,997	44	30,14	1,460
8	1,35	57,0	0,2	1,140	06	1,146	50	30,73	1,627
9	1,50	63,9	0,2	1,278	06	1,284	55	30,35	1,812

---

[1]) Reibungsmoment $r = J_r \cdot 102{,}8 \; \text{Dyn} \cdot \text{cm}$.

Zusammenstellung der Meßergebnisse.

(Hierzu s. Abb. 34.)

Meßreihe A ohne Elektromagnet
       A′   ,,   ,,   Kontrollmessung [1]
       B mit einem aus Messing nachgebildeten Elektromagneten
       C mit einem Elektromagneten
       D ,,   ,,   ,,   Kontrollmessung
       E ,,   ,,   ,,   ,,
       F mit zwei Elektromagneten
       G ,,   vier   ,,

Reihe	Nr.	n	J_r
	1	0,202	0,264
	2	0,482	0,391
	3	0,722	0,517
	4	0,908	0,628
A	5	1,080	0,741
	6	1,280	0,875
	7	1,460	0,997
	8	1,627	1,146
	9	1,812	1,284
A′	1	0,460	0,394
	2	0,905	0,627
	3	1,450	0,992
	4	1,801	1,277

Reihe	Nr.	n	J_r
	1	0,443	0,439
B	2	0,876	0,694
	3	1,233	0,952
	4	1,586	1,228
	1	0,445	0,430
C	2	0,881	0,691
	3	1,243	0,941
	4	1,595	1,206
	1	0,448	0,415
D	2	0,887	0,665
	3	1,253	0,916
	4	1,600	1,185

Reihe	Nr.	n	J_r
	1	0,464	0,390
	2	0,898	0,644
E	3	1,265	0,891
	4	1,618	1,154
	5	1,612	1,174
	1	0,443	0,445
F	2	0,873	0,711
	3	1,235	0,964
	4	1,585	1,246
	1	0,424	0,497
G	2	0,845	0,791
	3	1,209	1,035
	4	1,548	1,371

Die eigentlichen Bremsversuche. Tabellen 6, 7, 8 und 9.

(Hierzu s. S. 61 und folgende, ferner Schaltbild Abb. 35.)

Bezeichnungen und Formeln:

J Erregerstrom der Elektromagnete

$$J_a = \frac{E_N}{R_c} \text{ Ankerstrom, } E_N = 1,0184 \text{ EMK des Normalelementes}$$

R_c Kompensationswiderstand

---

[1] Bei dieser Meßreihe wurde J_r für beide Drehrichtungen bestimmt. Die Werte der Tabelle sind Mittelwerte, die Einzelwerte unterscheiden sich praktisch nicht voneinander.

$J_B = J_a + k_r + k_\tau$ der dem Bremsmoment entsprechende Ankerstrom bezogen auf $\tau = 20°$

$k_r = -J_r$ nach Tabelle 5 bzw. Abb. 34

$k_\tau = (J_a + k_r)(\tau - 20°) \cdot 0{,}0037$

$B = J_B \cdot M = J_B \cdot 102{,}83$

E_Φ die in der Prüfspule (Windungszahl $s = 200$) induzierte EMK

$$\bar{\Phi} = \frac{E_\Phi \cdot 10^8}{4{,}443\, f\, s} = 112{,}54 \cdot 10^3 \cdot \frac{1}{f} \cdot E_\Phi = F \cdot E_\Phi$$

f	F
15,03	7487,7
24,93	4514,2
34,96	3219,1
49,86	2257,1
69,93	1609,3
90,00	1250,4

$u = $ Umdrehungszahl in der Zeit t.

$n = \dfrac{u}{t} = $ Drehzahl pro Sekunde.

Die mit 1 und 2 bezeichneten Versuche sind bei verschiedener Drehrichtung ausgeführt (Ankerstrom kommutiert).

$$C = \frac{B}{n\,\bar{\Phi}^2}\, 10^6 \text{ Bremskonstante.}$$

Die benutzten Apparate:

Widerstand R_c: Präzisionskurbelkasten von 10×10, 10×1 und $10 \times 0{,}1\ \Omega$ und ein Normalwiderstand $100\ \Omega$, Frequenzmesser der auf S. 94 beschriebene Zungenfrequenzmesser. E_Φ wurde mit dem Wechselstromkompensator gemessen.

6. C als Funktion von n. $f = 49{,}86 = \text{const.}$

Versuch	τ	u	t	n	n Mittel	R_c	J_a
$A\,\frac{1}{2}$	23,1 23,1	5	42,72 52,14	0,1171 0,0960	0,1066	200	5,092
$B\,\frac{1}{2}$	23,1 23,1	8	35,18 38,80	0,2274 0,2062	0,2168	100	10,18₄
$C\,\frac{1}{2}$	23,1 23,1	15	33,42 35,10	0,4490 0,4275	0,4382	50	20,36₈
$D\,\frac{1}{2}$	23,4₅ 23,3	25	28,13 28,84	0,8890 0,8675	0,8782	25	40,73₆
$E\,\frac{1}{2}$	23,5 23,6	40	27,13 27,55	1,475 1,452	1,463	15	67,89₄

Die Versuchsergebnisse sind

7. C als Funktion von Φ bzw. E_Φ.

Versuch	τ	J	u	t	n	n Mittel	R_c	J_a
$A\,\frac{1}{2}$	20,82 20,93	1,0	25	26,90 27,41	0,930 0,912	0,921	200	5,092
$B\,\frac{1}{2}$	21,03 21,03	1,5	const.	28,94 29,47	0,8645 0,849	0,857	100	10,184
$C\,\frac{1}{2}$	21,66 21,66	2,1		28,64 29,26	0,873 0,855	0,864	50	20,368
$D\,\frac{1}{2}$	22,20 22,20	3,0		28,15 28,81	0,8885 0,868	0,878	25	40,736
$E\,\frac{1}{2}$	24,27 24,27	4,5		30,61 31,40	0,817 0,7965	0,807	12	84,867

Die Versuchsergebnisse sind

$\overline{\Phi} \approx 5200 \approx$ const. $(J \approx 3{,}0\,\mathrm{A} \approx$ const.)

k_r	k_τ	J_B	$E\Phi$	$E\Phi$ Mittel	$\overline{\Phi}$	C
—0,262	0,055	4,885	2,3044 2,3072	2,3058	5204,4	173,9
—0,313	0,113	9,984	2,3075 2,3071	2,3073	5207,8	174,6
—0,420	0,229	20,175	2,3067 2,3063	2,3065	5206,0	174,6
—0,675	0,499	40,559	2,3040 2,3044	2,3042	5200,8	175,6
—1,100	0,877	67,670	2,3025 2,3015	2,3020	5195,8	176,2

in Abb. 23 graphisch aufgetragen.

$f = 49{,}86 =$ const. $n \approx 0{,}85 \approx$ const.

k_r	k_τ	J_B	$E\Phi$	$E\Phi$ Mittel	$\overline{\Phi}$	C
—0,703	0,014	4,403	0,7395 0,7399	0,7397	1669,6	176,4
—0,664	0,036	9,556	1,1243 1,1276	1,1260	2541,5	177,5
—0,667	0,121	19,822	1,6177 1,6179	1,6178	3651,5	176,9
—0,676	0,326	40,386	2,2959 2,2954	2,2957	5181,6	176,2
—0,631	1,330	85,566	3,5029 3,5015	3,5022	7904,8	174,5

in Abb. 24 graphisch aufgetragen.

8. C als Funktion von f. $n \approx 0,8 \approx$ const. $\overline{\Phi} \approx 2600 \approx$ const.

Versuch	f	τ	J	u	t	n	n Mittel
A $\frac{1}{2}$	15,03	19,65 19,75	1,35	24	30,14 30,26	0,796 0,794	0,795
B $\frac{1}{2}$	24,93	19,85 19,85	1,40	23	29,33 29,52	0,784$_5$ 0,779$_5$	0,782
C $\frac{1}{2}$	34,96	20,1 20,1	1,45	24	30,21 30,63	0,794$_5$ 0,783$_5$	0,789
D $\frac{1}{2}$	49,86	20,3 20,4	1,54	24	29,16 29,74	0,823$_5$ 0,807$_5$	0,815$_5$
E $\frac{1}{2}$	69,93	21,0 21,0	1,70	25	29,32 30,48	0,852$_5$ 0,821	0,837
F $\frac{1}{2}$	90,00	21,3 21,3	1,85	28	29,96 31,77	0,935 0,882	0,908$_5$

Die Versuchsergebnisse sind

9. C_1 und $C_{1,2}$ bei verschiedenem Abstand von $f = 49,86 =$ const. $J = 1,5$ Amp. $=$ const.

	Versuch	τ	u	t	n	n Mittel	J_a	k_r	k_τ
$\psi = 0$	A $\frac{1}{2}$	19,9 20,1	27	29,89 30,56	0,904 0,884	0,894	20,368 const.	— 0,725	0,000
	B $\frac{1}{2}$	20,1 20,1	27	29,56 30,27	0,914 0,892	0,903		— 0,730	0,008
	C $\frac{1}{2}$	20,1 20,2	28	29,22 30,31	0,958 0,924	0,941		— 0,755	0,011
	D $\frac{1}{2}$	20,2 20,3	40	30,53 33,93	1,310 1,179	1,244$_5$		— 0,975	0,019
$\psi = 180°$	A $\frac{1}{2}$	20,6 20,7	25	29,01 29,63	0,862 0,844	0,853	20,368 const.	— 0,695	0,047
	B $\frac{1}{2}$	20,7 20,8	25	29,04 29,64	0,861 0,844	0,853		— 0,695	0,055
	C $\frac{1}{2}$	20,9 20,9	25	29,86 29,99	0,838 0,834	0,836		— 0,685	0,066
	D $\frac{1}{2}$	21,0 21,0	20	31,73 28,16	0,631 0,711	0,671		— 0,580	0,073

$R_c = 100\,\Omega = \text{const.}\quad J_a = 10{,}184\,\text{mA} = \text{const.}$

J_a	k_r	k_τ	J_B	$E\Phi$	$E\Phi$ Mittel	$\overline{\Phi}$	C
10,184 const.	$-0{,}595$	$-0{,}011$	9,578	$0{,}344_6$ $0{,}345_2$	$0{,}344_9$	2582,5	185,8
	$-0{,}587$	$-0{,}005$	9,592	$0{,}579_9$ $0{,}579_4$	$0{,}579_7$	2616,9	184,2
	$-0{,}592$	$+0{,}004$	9,596	$0{,}812_1$ $0{,}812_9$	$0{,}812_5$	2615,5	182,8
	$-0{,}607$	$+0{,}012$	9,589	$1{,}155_7$ $1{,}155_1$	$1{,}155_4$	2607,9	177,8
	$-0{,}620$	$+0{,}035$	9,599	$1{,}634_2$ $1{,}633_5$	$1{,}633_8$	2629,3	170,6
	$-0{,}663$	$+0{,}046$	9,567	$2{,}067_3$ $2{,}066_5$	$2{,}066_9$	2584,5	162,1

in Abb. 25 graphisch aufgetragen.

Φ_1 und Φ_2 (hierzu s. S. 48 sowie Abbildung 26).

$R_c = 50\,\Omega = \text{const.}\quad J_a = 20{,}368\,\text{mA} = \text{const.}$

J_B	$E\Phi_{,1}$	$E\Phi_{,1}$ Mittel	$E\Phi_{,2}$	$E\Phi_{,2}$ Mittel	$\overline{\Phi}_1$	$\overline{\Phi}_2$	$\overline{\Phi}_1^2$ $\times 10^{-6}$	$\overline{\Phi}_2^2$ $\times 10^{-6}$	B
19,643	$1{,}117_0$ $1{,}116_7$	$1{,}116_8$	$1{,}149_6$ $1{,}149_7$	$1{,}149_6$	2521	2595	6,355	6,734	2019,9
19,645	$1{,}109_0$ $1{,}108_7$	$1{,}108_9$	$1{,}147_0$ $1{,}146_6$	$1{,}146_8$	2503	2588	6,265	6,698	2020,1
19,624	$1{,}093_6$ $1{,}092_6$	$1{,}093_1$	$1{,}135_6$ $1{,}136_5$	$1{,}136_0$	2467	2564	6,086	6,574	2017,9
19,412	$1{,}047_4$ $1{,}036_6$	$1{,}042_0$	$1{,}078_1$ $1{,}088_4$	$1{,}083_2$	2352	2445	5,532	5,978	1996,1
19,720	$1{,}143_8$ $1{,}143_6$	$1{,}143_7$	$1{,}176_4$ $1{,}175_4$	$1{,}175_9$	2581	2654	6,661	7,044	2027,8
19,728	$1{,}140_4$ $1{,}139_4$	$1{,}139_9$	$1{,}178_4$ $1{,}177_4$	$1{,}177_9$	2573	2659	6,620	7,070	2028,6
19,749	$1{,}142_6$ $1{,}143_1$	$1{,}142_8$	$1{,}187_7$ $1{,}188_4$	$1{,}188_0$	2579	2681	6,651	7,188	2030,8
19,861	$1{,}186_2$ $1{,}191_1$	$1{,}188_7$	$1{,}242_7$ $1{,}238_7$	$1{,}240_7$	2683	2800	7,198	7,840	2042,3

Auswertung der Resultate.

Die bei $\psi = 180°$ gewonnenen Resultate erhalten die Bezeichnung Φ_1', Φ_2', B' und n'.

$$C_1 = \frac{db' + d'b}{ab' + a'b} \cdot 10^6 \qquad\qquad C_{1,2} = \frac{ad' - a'd}{ab' + a'b} \cdot 10^6$$

$$a = \Phi_1^2 + \Phi_2^2 \qquad\qquad b = 2\,\Phi_1\,\Phi_2 \qquad\qquad d = \frac{B}{n}$$

$$a' = \Phi_1'^2 + \Phi_2'^2 \qquad\qquad b' = 2\,\Phi_1'\,\Phi_2' \qquad\qquad d' = \frac{B'}{n'}$$

	$a \cdot 10^{-6}$	$b \cdot 10^{-6}$	d	$a' \cdot 10^{-6}$	$b' \cdot 10^{-6}$	d'	C_1	$C_{1,2}$
A	13,09	13,08	2260	13,705	13,70	2379	173,2	0,42
B	12,96	12,96	2238	13,69	13,68	2379	173,5	0,57
C	12,66	12,65	2147	13,84	13,83	2442	173,1	3,5
D	11,51	11,50	1604	15,04	15,02	3043	171,0	31,5

Tabellen 10 bis 16
Untersuchung des Wechselstromkompensators.

(Hierzu s. V, 4, S. 98 und folgende.)

10. Korrektionen bei Spannungsmessungen.

(Hierzu s. S. 98.)

R'_c abgelesener Wert des Kompensationswiderstandes,

R_c korrigierter ,, ,,   ,,

$$R_c = R'_c + k_N + k_K$$

k_N Korrektion infolge der Abweichung des Meßstromes J vom Sollwert

$$\text{für } J = 0{,}01\,A\,, \qquad k_N = 0{,}01\,R'_c\varDelta$$

$$\text{für } J = 0{,}001\,A\,, \qquad k_N = 0{,}001\,R'_c\varDelta$$

$\varDelta = R_N - R'_N$, wobei R'_N der Wert des Kompensationswiderstandes bei der Abgleichung des Normalelementes, R_N dessen Sollwert ist,

k_K Kaliberkorrektion des Schleifdrahtes.

$\varDelta$ für $R_N = 101,86\,\Omega$ $[E_N = 1,0186\text{ V}\,^1)$ $J = 0,01\,A]$

R_N	$\varDelta$									
	0	1	2	3	4	5	6	7	8	9
101,0	$+0,86$	85	84	83	82	81	80	79	78	77
101,1	0,76	75	74	73	72	71	70	69	68	67
101,2	0,66	65	64	63	62	61	60	59	58	57
101,3	0,56	55	54	53	52	51	50	49	48	47
101,4	0,46	45	44	43	42	41	40	39	38	37
101,5	0,36	35	34	33	32	31	30	29	28	27
101,6	0,26	25	24	23	22	21	20	19	18	17
101,7	0,16	15	14	13	12	11	10	09	08	07
101,8	$+0,06$	05	04	03	02	01	00	-01	-02	-03
101,9	$-0,04$	05	06	07	08	09	10	11	12	13
102,0	0,14	15	16	17	18	19	20	21	22	23
102,1	0,24	25	26	27	28	29	30	31	32	33
102,2	0,34	35	36	37	38	39	40	41	42	43
102,3	0,44	45	46	47	48	49	50	51	52	53
102,4	0,54	55	56	57	58	59	60	61	62	63
102,5	0,64	65	66	67	68	69	70	71	72	73
102,6	0,74	75	76	77	78	79	80	81	82	83
102,7	$-0,84$	85	86	87	88	89	90	91	92	93

Kaliberkorrektionen des Schleifdrahtes.

Ablesung am Schleifdraht	k_K	Ablesung am Schleifdraht	k_K
0,0	$+0,008$	0,6	$+0,006$
1	13	7	05
2	12	8	03
3	11	9	03
4	09	1,0	02
5	08	07	02

11. Eichung des Phasenschiebers.

(Hierzu s. S. 100.)

Bezeichnung:

E Spannung, J Stromstärke, α_W Ausschlag des Wattmeters, β Einstellung des zu eichenden Phasenschiebers, $\sin\gamma = \dfrac{\alpha_W C}{EJ}$, wobei C die Wattmeterkonstante bedeutet. β_0, β_{30} und β_{180} Einstellungen des Phasenreglers für $\gamma = 0°$, $\gamma = 30°$ und $\gamma = 180°$, $\varDelta\beta_{30/0} = \beta_{30} - \beta_0$; $\varDelta\beta_{180/0} = \beta_{180} - \beta_0$.

$^1)$ Für das benutzte Normalelement wurde die EMK zu $E = 1,0186_5$ V bestimmt.

Benutzte Meßinstrumente:

Dynamometrisches Voltmeter für 150 Volt, $R = 2500\ \Omega$, $1° = 1\,\mathrm{V}$; dynamometrisches Amperemeter für 5 Ampere, $1° = 0{,}05\,\mathrm{A.}$; Wattmeter für 5 A., 30 V. Widerstand des Spannungskreises $1000\ \Omega$, Vorschaltwiderstand $R_v = 3000\ \Omega$, $1° = 4\,\mathrm{W}$ $(C = 4)$.

I. Abhängigkeit des Winkels γ von E, J und f[1]).

Meßreihe	f	E	J	α_W	$\sin\gamma$	γ	$\Delta\gamma$
	50	100	4,5	0,0	0,0000	0,0	
A	50	110	4,5	0,0	0,0000	0,0	$+0{,}0$
	50	120	4,5	$+0{,}7$	$+0{,}0052$	$+0{,}3$	$+0{,}3$
	50	110	4,0	$-0{,}1$	$+0{,}0009$	$-0{,}05$	
B	50	110	4,5	0,0	$0{,}0000$	0,0	$+0{,}05$
	50	110	5,0	$+0{,}3$	$+0{,}0022$	$+0{,}15$	$+0{,}15$
	45	110	4,5	$+4{,}2$	$+0{,}0341$	$+1{,}9$	
C	50	110	4,5	$-0{,}2$	$-0{,}0016$	$-0{,}1$	$-2{,}0$
	55	110	4,5	$-4{,}8$	$-0{,}0389$	$-2{,}2$	$-2{,}1$

Änderungen von γ bei 1% Änderung von E, J und f sind demnach

$$\delta_E = \frac{0{,}3}{20} = 0{,}015° \qquad \delta_J = \frac{0{,}05 + 0{,}15}{20} = 0{,}01° \qquad \delta_f = \frac{2{,}05 + 2{,}1}{20} = 0{,}21°.$$

II. Eichung bei $\beta = 10$ und $\beta = 190$.

$f = 50$; $E = 109{,}85\,\mathrm{V}$[2]); $J = 4{,}485\,\mathrm{A}$[3]); $\sin\gamma = \alpha_W \cdot 0{,}00812_0$.

β	α_W	$\sin\gamma$	γ
7	$-6{,}0$	$-0{,}0487$	$-2{,}8$
8	$-3{,}7$	$-0{,}0300$	$-1{,}7$
9	$-1{,}7$	$-0{,}0138$	$-0{,}8$
10	$+0{,}6$	$+0{,}0049$	$+0{,}3$
11	$+2{,}8$	$+0{,}0227$	$+1{,}3$
12	$+5{,}1$	$+0{,}0414$	$+2{,}4$
13	$+7{,}2$	$+0{,}0585$	$+3{,}35$
187	$+5{,}4$	$+0{,}0438$	$+2{,}5$
188	$+3{,}0$	$+0{,}0244$	$+1{,}4$
189	$+1{,}0$	$+0{,}0081$	$+0{,}5$
190	$-1{,}0$	$-0{,}0081$	$-0{,}5$
191	$-3{,}2$	$-0{,}0260$	$-1{,}5$
192	$-5{,}3$	$-0{,}0430$	$-2{,}5$
193	$-7{,}4$	$-0{,}0601$	$-3{,}45$

Die graphische Auswertung ergibt $\beta_0 = 9{,}75°$, $\beta_{180} = 189{,}5°$ also $\Delta\beta_{180/0} = 179{,}75°$.

[1]) Instrumentenkorrektionen vernachlässigt.
[2]) $\alpha_V = 110{,}0$ (Korr. $-0{,}15$).
[3]) $\alpha_A = 90{,}0$ (Korr. $-0{,}3$).

III. Eichung von 30° zu 30°.

$$f = 50; \quad E = 109{,}85 \text{ V}[1]); \quad J = 4{,}485 \text{ A}[2]); \quad \sin\gamma = \alpha_W \cdot 0{,}00812_0.$$

Meß-reihe	β	α_W	$\sin\gamma$	γ	Meß-reihe	β	α_W	$\sin\gamma$	γ
	7	—6,1	—0,0495	—2,8		97	—5,8	—0,0471	—2,7
	8	—3,9	—0,0317	—1,8		98	—3,5	—0,0284	—1,6
	9	—1,7	—0,0138	—0,8		99	—1,4	—0,0114	—0,6₅
	10	0,2	0,0016	0,1		100	0,7	0,0057	0,3
	11	2,6	0,0211	1,2		101	2,6	0,0211	1,2
	12	4,8	0,0390	2,2		102	4,8	0,0390	2,2
A	13	7,0	0,0568	3,2₅	D	103	7,1	0,0576	3,3
	37	57,1	0,4635	27,6		127	55,4	0,4497	26,7
	38	59,1	0,4795	28,6₅		128	57,5	0,4667	27,8
	39	61,2	0,4968	29,8		129	59,2	0,4806	28,7
	40	63,0	0,5115	30,7₅		130	61,0	0,4953	29,7
	41	64,9	0,5267	31,8		131	63,0	0,5116	30,8
	42	66,6	0,5405	32,7		132	64,8	0,5260	31,7₅
	43	68,7	0,5575	33,9		133	66,7	0,5413	32,8
	37	—6,8	—0,0552	—3,2		127	—6,3	—0,0512	—2,9
	38	—4,6	—0,0373	—2,1		128	—4,1	—0,0333	—1,9
	39	—2,2	—0,0179	—1,0		129	—2,0	—0,0162	—0,9
	40	0,0	0,0000	0,0		130	0,2	0,0016	0,1
	41	1,8	0,0146	0,8		131	2,2	0,0179	1,0
	42	4,0	0,0325	1,8₅		132	4,6	0,0373	2,1₅
B	43	6,4	0,0520	3,0	E	133	6,6	0,0536	3,1
	67	56,0	0,4546	27,0		157	55,8	0,4530	26,9₅
	68	58,0	0,4709	28,1		158	57,7	0,4683	27,9
	69	59,9	0,4863	29,1		159	59,9	·0,4862	29,1
	70	61,5	0,4990	29,9		160	61,7	0,5010	30,0₅
	71	63,7	0,5170	31,1		161	63,5	0,5156	31,0₅
	72	65,6	0,5325	32,1₅		162	65,2	0,5295	32,0
	73	67,2	0,5456	33,0₅		163	67,2	0,5456	33,0₅
	67	—6,0	—0,0487	—2,8		157	—6,8	—0,0552	—3,2
	68	—3,7	—0,0301	—1,7		158	—4,7	—0,0382	—2,2
	69	—1,7	—0,0138	—0,8		159	—2,2	—0,0179	—1,0
	70	0,2	0,0016	0,1		160	0,0	0,0000	0,0
	71	2,6	0,0211	1,2		161	1,7	0,0138	0,8
	72	4,7	0,0382	2,2		162	3,8	0,0308	1,8
C	73	6,8	0,0552	3,2	F	163	6,2	0,0504	2,9
	97	55,3	0,4490	26,7		187	56,0	0,4546	27,0₅
	98	57,4	0,4660	27,8		188	58,1	0,4717	28,1₅
	99	59,5	0,4830	28,9		189	59,9	0,4862	29,1
	100	61,3	0,4977	29,8₅		190	61,8	0,5018	30,1
	101	63,0	0,5116	30,8		191	63,7	0,5170	31,1
	102	64,8	0,5260	31,7₅		192	65,7	0,5333	32,2
	103	66,7	0,5415	32,8		193	67,4	0,5474	33,2

[1]) Siehe Fußnote 2 S. 127.
[2]) Siehe Fußnote 3 S. 127.

Die Auswertung der Resultate ergibt folgende Werte von β_0, β_{30}, $\Delta\beta_{30/0}$ und $\Delta\beta_{180/0}$.

Meßreihe	β_0	β_{30}	$\Delta\beta_{30,0}$
A	9,8	39,3	29,5
B	40,1	70,0	29,9
C	69,8	100,2	30,4
D	99,7	130,2	30,5
E	129,9	160,0	30,1
F	160,1	189,9	29,8

$$\Delta\beta_{180,0} = \Sigma\Delta\beta_{30,0} = 180,2°$$

IV. Eichung von 0,5° zu 0,5°.

$f = 50$; $E = 109,85\ \text{V}$ [1]); $J = 4,485\ \text{A}$ [2]); $\sin\gamma = \alpha_W \cdot 0,00812_0$.

β	α_W	$\sin\gamma$	γ	$\Delta\gamma$
50,0	0,0	0,0000	0,0	
50,5	1,2	0,0097	0,6	0,6
51,0	2,5	0,0203	1,2	0,6
51,5	3,6	0,0292	1,7	0,5
52,0	4,7	0,0382	2,2	0,5
52,5	5,7	0,0463	2,6$_5$	0,4$_5$
53,0	6,8	0,0552	3,2	0,5$_5$
53,5	7,8	0,0633	3,6	0,6
54,0	8,9	0,0723	4,1	0,5
54,5	10,1	0,0820	4,7	0,4
55,0	11,3	0,0917	5,2$_5$	0,5$_5$
55,5	12,3	0,0999	5,7	0,4$_5$
56,0	13,5	0,1096	6,3	0,6
56,5	14,3	0,1161	6,7	0,4
57,0	15,4	0,1250	7,2	0,5
57,5	16,3	0,1323	7,6	0,4
58,0	17,5	0,1421	8,2	0,6
58,5	18,5	0,1502	8,6$_5$	0,4$_5$
59,0	19,5	0,1583	9,1	0,4$_5$
59,5	20,6	0,1672	9,6	0,5
60,0	21,6	0,1753	10,1	0,5

12. Eichung des Zungenfrequenzmessers.

(Näheres s. S. 103.)

Bezeichnungen:

Frequenz: $f_{\mathfrak{S}}$ Sollwert, f' gemessener Einzelwert, f Mittelwert aus mehreren Beobachtungen.

z Anzahl der auf den Chronographenstreifen abgelesenen Umdrehungen des Schneckenrades der Kontaktvorrichtung,

Umdrehungszahl der Maschine $u = z \cdot 99$,

t_0 und t_z die der ersten und letzten Marke entsprechenden Zeiten.

---

[1]) Siehe Fußnote 2 S. 127.
[2]) Siehe Fußnote 3 S. 127.

Da der Generator sechspolig ist, so ist

$$f = \frac{u}{t} \cdot 3 = \frac{297\,z}{t}, \quad \text{wobei} \quad t = t_z - t_o .$$

Nr.	Bezeichnung der Zunge	$f_\odot$	z	t_z	t_o	t	f'	f
1	15 / 30	30	11	108,66	0,03	108,63	30,07	30,07
			11	108,70	0,07	108,63	30,07	
			15	148,23	0,03	148,20	30,06	
2	20 / 40	20	8	119,64	0,65	118,99	19,97	19,97
			7	104,60	0,48	104,12	19,97	
			8	119,67	0,70	118,97	19,97	
3	20 / 40	40	14	104,92	0,92	104,00	39,98	39,97
			14	104,09	0,07	104,02	39,97	
			14	104,10	0,06	104,04	39,97	
4	25 / 50	50	14	84,33	0,90	83,43	49,88	49,86
			17	101,79	0,54	101,25	49,87	
			17	101,55	0,23	101,32	49,83	
5	30 / 60	60	25	124,23	0,77	123,46	60,14	60,12
			25	123,47	0,01	123,46	60,14	
			25	124,40	0,83	123,57	60,09	
6	35 / 70	35	15	127,90	0,42	127,48	34,95	34,95
			13	110,93	0,45	110,48	34,95	
			14	119,93	0,95	118,98	34,95	
7	35 / 70	70	28	119,26	0,37	118,89	69,95	69,96
			28	119,39	0,54	118,85	69,96	
			28	119,76	0,92	118,84	69,98	
8	40 / 80	80	29	109,06	0,90	108,16	79,63	′79,67
			29	108,38	0,28	108,10	79,67	
			29	108,68	0,51	108,07	79,70	
9	40 / 80	80	33	123,30	0,26	123,04	79,65	79,65
			33	123,53	0,48	123,05	79,65	
			34	127,82	0,84	126,98	79,52?	
10	45 / 90	90	41	135,86	0,55	135,31	89,99	90,00
			37	122,66	0,53	122,13	89,98	
			43	141,89	0,04	141,85	90,03	
11	50 / 100	100	41	122,03	0,13	121,90	99,89	99,87
			41	122,42	0,49	121,93	99,87	
			47	140,57	0,76	139,81	99,84	
12	55 / 110	110	56	150,73	0,03	150,70	110,36	110,31
			45	121,77	0,60	121,17	110,30	
			49	132,55	0,59	131,96	110,28	
13	55 / 110	55	23	124,19	0,16	124,03	55,07	55,06
			21	113,52	0,23	113,29	55,05	
			24	129,58	0,10	129,48	55,05	
14	55 / 110	110	45	121,69	0,40	121,29	110,19	110,18
			41	111,13	0,59	110,54	110,16	
			44	119,14	0,55	118,59	110,19	

Bei der Bildung des Mittelwertes für Messung Nr. 9 wurde der dritte Einzelwert unberücksichtigt gelassen.

Bei der Messung Nr. 14 ist es gelungen, die Frequenz genauer konstant zu halten, als bei der Messung Nr. 12. Aus diesem Grunde soll bei der Bildung des Hauptmittels dem Resultate der Messung Nr. 12 das halbe Gewicht beigelegt werden.

Als Endresultate der Eichung sollen folgende Werte angenommen werden.

Bezeichnung der Zunge	f
15 / 30	15,03 / 30,07
20 / 40	19,98 / 39,96
25 / 50	24,93 / 49,86
30 / 60	30,06 / 60,12
35 / 70	34,96 / 69,93
40 / 80	39,83 / 79,66
45 / 90	45,00 / 90,00
50 / 100	49,93 / 99,87
55 / 110	55,09 / 110,18

13. Analyse der Kurven des Meßstromes.

(Hierzu S. 104.)

Ordinaten y_1, y_2, y_3 usw. in mm für 15°, 30° usw.

Koeffizienten A_1, $A_3 \ldots$ usw. der Gleichungen der Kurven.

Index von y	$f = 15$	$f = 50$	$f = 100$
1	7,03	7,04	5,33
2	13,55	13,90	10,70
3	19,24	20,05	15,30
4	24,03	24,47	18,73
5	27,13	26,90	20,70
6	28,16	27,50	21,00
7	27,03	26,60	20,30
8	24,25	23,85	18,30
9	19,98	19,40	14,90
10	14,21	13,50	10,34
11	7,40	6,85	5,02

	Ordnung der Harm.	$f = 15$	$f = 50$	$f = 100$
A	1	27,95	27,67	21,19
	3	—0,13	—0,03	—0,05
	5	0,01	—0,19	—0,19
	7	0,01	0,00	—0,02
	9	0,01	0,00	—0,06
	11	0,00	0,01	0,00
B	1	—0,26	—0,23	0,20
	3	0,07	—0,19	—0,13
	5	0,13	—0,12	—0,11
	7	0,02	0,11	—0,08
	9	0,00	—0,01	—0,01
	11	0,03	—0,01	—0,03

f	$\bar{e}_1^2 = A_1^2 + B_1^2$	$\Sigma \bar{e}_n^2 = A_3^2 + A_5^2 + \cdots + B_3^2 + B_5^2 + \cdots$	$\varDelta = 50 \cdot \dfrac{1}{\bar{e}_1^2} \Sigma \bar{e}_n^2$ $^0/_0$
15	781,5	0,108	0,007
50	762,5	0,118	0,008
100	449,0	0,119	0,013

14. Kontrolle der Genauigkeit der Spannungsmessung.

(Hierzu s. S. 106.)

Bezeichnungen:

α_A bzw. α_V Ausschlag des Amperemeters bzw. Voltmeters; J_1 und J_2 bzw. E_1 und E_2 bei der Eichung mit dem Gleichstromkompensator bei verschiedener Stromrichtung gemessene Werte der Stromstärke bzw. Spannung.

$$J = \frac{J_1 + J_2}{2} \qquad \text{bzw.} \qquad E = \frac{E_1 + E_2}{2}$$

R_N' Kompensationswiderstand bei der Abgleichung mit dem Normalelement;

$R_N = 101{,}86\ \Omega$ Sollwert desselben bei $J_c = 0{,}01$ A;

R Widerstand, an dem die Spannung gemessen worden ist;

R_c' Kompensationswiderstand bei der Wechselstrommessung;

$R_c = R_c' + k_N + k_K$ dessen Sollwert;

$k = 0{,}01\ \varDelta\ R_c'$, $\varDelta$ und k_K nach Tabelle 10.

A. Messung des Spannungsabfalles an Normalwiderständen, die vom Strom J durchflossen sind.

Apparate:

Amperemeter: Dynamometrisches Amperemeter für 2,5 und 5 A, desgleichen für 12,5 und 25 A.

Widerstände: Induktionsfreie Normalwiderstände, Spezialtype für Meßwandleruntersuchung, $R_\mathfrak{S}$ Sollwert, R wirklicher Wert nach Messungen der PTR.

| $R_\mathfrak{S}$ | 0,01 | 0,02 | 0,05 | 0,1 Ω |
| R | 0,009998 | 0,019999 | 0,050009 | 0,10005 Ω |

Eichung der Amperemeter mit Gleichstrom.

Meßbereich	α_A	J_1	J_2	$J = \dfrac{J_1 + J_2}{2}$	J Mittelwert
5 A	100,0	5,0300 287	5,0071 078	5,0185 187	5,0186
12,5 A	100,0	10,137 130	10,013 014	10,075 072	10,073

Amperemeter: Meßbereich 5 Amp. $\alpha_A = 100,0$ $J = 5,018_6$ A.

Meßreihe	Nr.	f	$R_{\mathfrak{S}}$	R_N' beobachtet	R_N' Mittel	R_c' beobachtet	R_c' Mittel	k_N	k_K	$k_N + k_K$
A	1	25	0,1	101,78 77	101,77	50,22 21	50,21	+0,04	+0,01	+0,05
	2	25	0,05	78 78	78	25,08 08	25,08	+0,02	+0,01	+0,03
	3	25	0,02	79 77	78	10,01 01	10,01	+0,01	+0,01	+0,02
	4	25	0,01	79 79	79	5,03 03	5,03	+0,00	+0,01	+0,01
				80 77	79					
B	1	50	0,1	101,78 81	101,79	50,17 19	50,18	+0,03	+0,01	+0,04
	2	50	0,05	81 78	79	25,07 07	25,07	+0,01	+0,01	+0,02
	3	50	0,02	80 80	80	10,01 01	10,01	+0,01	+0,01	+0,02
	4	50	0,01	78 77	77	5,02 03	5,02	+0,00	+0,01	+0,01
				77 76	77					
C	1	75	0,1	101,69 67	101,68	50,31 29	50,30	+0,08	+0,01	+0,09
	2	75	0,05	71 70	70	25,10 12	25,11	+0,04	+0,01	+0,05
	3	75	0,02	70 70	70	10,03 03	10,03	+0,02	+0,01	+0,03
	4	75	0,01	71 71	71	5,01 01	5,01	+0,01	+0,01	+0,02
				70 71	70					

Amperemeter: Meßbereich 12,5 Amp. $\alpha_A = 100,0$ $J = 10,07_3$ A.

Meßreihe	Nr.	f	$R_{\mathfrak{S}}$	R_N' beobachtet	R_N' Mittel	R_c' beobachtet	R_c' Mittel	k_N	k_K	$k_N + k_K$
D	1	25	0,1	101,90 88	101,89	100,99 00	100,99	—0,04	0,00	—0,04
	2	25	0,05	90 91	90	50,44 44	50,44	—0,02	+0,01	—0,01
	3	25	0,02	91 89	90	20,15 16	20,15	—0,01	+0,01	0,00
	4	25	0,01	92 91	91	10,06 07	10,06	0,00	+ 0,01	+ 0,01
				88 88	88					
E	1	50	0,1	101,79 79	101,79	100,84 82	100,83	+0,07	0,00	+0,07
	2	50	0,05	80 78	79	50,39 36	50,37	+0,03	+0,01	+0,04
	3	50	0,02	79 79	79	20,12 13	20,13	+0,02	+0,01	+0,03
	4	50	0,01	77 79	78	10,05 05	10,05	+0,01	+0,01	+0,02
				77 76	76					
F	1	75	0,1	101,80 80	101,80	100,78 78	100,78	+0,04	0,00	+0,04
	2	75	0,05	83 83	83	50,37 37	50,37	+0,01	+0,01	+0,02
	3	75	0,02	84 82	83	20,13 13	20,13	+0,01	+0,01	+0,02
	4	75	0,01	83 82	83	10,05 06	10,05	0,00	+0,01	+0,01
				83 84	83					

Zusammenstellung der Resultate.

Meßreihe	Nr.	f	$E_{x,\mathfrak{S}} = J \cdot R$	$E_x = R_c \cdot 0{,}01$	$\varDelta$ in $^0\!/_{00}$
A	1	25	0,5021	0,5026	$+1{,}0$
	2	25	$0{,}2509_3$	0,2511	$+0{,}5$
	3	25	$0{,}1003_6$	0,1003	0
	4	25	$0{,}0501_7$	0,0504	$+4$
B	1	50	0,5021	0,5022	$+0{,}2$
	2	50	$0{,}2509_3$	0,2509	$-0{,}3$
	3	50	$0{,}1003_6$	0,1003	$-0{,}6$
	4	50	$0{,}0501_7$	0,0503	$+2$
C	1	75	0,5021	0,5039	$+3{,}6$
	2	75	$0{,}2509_3$	0,2516	$+2{,}5$
	3	75	$0{,}1003_6$	0,1006	$+2$
	4	75	$0{,}0501_7$	0,0503	$+2$
D	1	25	$1{,}007_8$	1,0095	$+1{,}7$
	2	25	0,5037	0,5043	$+1{,}2$
	3	25	$0{,}2014_3$	0,2015	0
	4	25	0,1007	0,1007	0
E	1	50	$1{,}007_8$	$1{,}009_0$	$+1{,}2$
	2	50	0,5037	0,5041	$+0{,}8$
	3	50	$0{,}2014_3$	0,2016	$+1$
	4	50	0,1007	0,1007	0
F	1	75	$1{,}007_8$	$1{,}008_2$	$+0{,}4$
	2	75	0,5037	0,5039	$+0{,}4$
	3	75	$0{,}2014_3$	0,2015	0
	4	75	0,1007	0,1006	-1

B. Messung mit einem Spannungsteiler.

Apparate:

Elektrodynamisches Voltmeter für 150 V.

Spannungsteiler, Gesamtwiderstand $Rg = 10\,000\,\Omega$, Präzisionskurbelkasten $10 \times 10\,000$, 10×1000 und $10 \times 100\,\Omega$. Abweichungen der Widerstandswerte vom Sollwert in der Größenordnung von $0{,}1^0\!/_{00}$, also zu vernachlässigen.

$$E_{x,\mathfrak{S}} = E_g \frac{R}{10\,000}.$$

Eichung des Voltmeters mit Gleichstrom.

α_V	E_1	E_2	$E = \dfrac{E_1 + E_2}{2}$	E Mittelwert
120,0	119,21	120,76	119,98	
	22	76	99	119,99
	22	76	99	

$$\alpha_V = 120,0 \quad E = 119,99 \text{ V}$$

Meßreihe	Nr.	f	R	R'_N beobachtet	R'_N Mittel	R'_c beobachtet	R'_c Mittel	k_N	k_K	$k_N + k_K$
A				101,82	101,81					
				80		120,05				
	1	50	100			00	120,03	+0,04	+0,01	+0,05
						04				
				83	84					
				85		480,08				
	2	50	400			03	480,04	+0,14	+0,01	+0,15
						01				
				81	82					
				83		959,78				
	3	50	800			60	959,68	+0,48	0,00	+0,48
						65				
				80	80					
				79		1439,00				
	4	50	1200			18	1439,08	+0,57	+0,01	+0,58
						05				
				83	84					
				85						
B				101,88	101,86					
				85		1439,60				
	1	25	1200			90	1439,98	0,00	0,00	0,00
						1440,45				
				87	86					
				85		1439,92				
	2	50	1200			85	1439,95	0,00	0,00	0,00
						1440,07				
				87	87					
				87		1440,55				
	3	75	1200			63	1440,64	+0,14	+0,01	+0,15
						75				
				82	83					
				83						

Zusammenstellung der Resultate.

Meßreihe	Nr.	f	$E_{x,\,\mathfrak{C}} = E_g \dfrac{R}{10\,000}$	E_x	Δ in $^0/_{00}$
A	1	50	1,199$_9$	1,200$_8$	+0,7
	2	50	4,799$_6$	4,801$_9$	+0,5
	3	50	9,599	9,602	+0,3
	4	50	14,39$_9$	14,39$_7$	—0,1
B	1	25	14,39$_9$	14,40$_8$	+0,6
	2	50	14,39$_9$	14,39$_9$	0,0
	3	75	14,39$_9$	14,40$_0$	0,0

15. Messung einer Spannung von verzerrter Kurvenform.

(S. hierzu S. 107 und Fußnote 1, S. 106.)

Analyse der Kurve.

Ordinaten y_1, y_2 usw. (in mm).

	0,85	1,49	2,20	3,73	8,22	18,64
	2,79	10,59	21,54	28,94	28,04	
Summe	3,64	12,08	23,74	32,67	36,26	18,64
Differenz	—1,94	— 9,10	—19,34	—25,21	—19,82	18,64

$$r_1 = S_1 + S_3 - S_5 = 3,64 + 23,74 - 36,26 = 27,38 - 36,26 = -8,88$$
$$r_2 = S_2 - S_6 = 12,08 - 18,64 = -6,56$$
$$e_1 = d_1 - d_3 - d_5 = -1,94 + 19,34 + 19,82 = -1,94 + 39,16 = 37,22$$

α	$\sin\alpha$	Sinuskoeffizienten			Kosinuskoeffizienten		
		1 und 11	3 und 9	5 und 7	1 und 11	3 und 9	5 und 7
Grad		Harmonische			Harmonische		
15	0,259	0,94		9,39	—5,14		—0,50
30	0,500	6,04		6,04	—12,60		—12,60
45	0,707	16,78	—6,28	—16,78	—13,67	26,30	13,67
60	0,866	28,30		—28,30	—7,88		7,88
75	0,966	35,05		3,51	—1,87	2,43	19,13
90	1,000	18,64	—6,56	18,64			
Summe der ersten Spalten	52,77		—6,28	—3,88	—20,48	2,43	—4,72
Summe der zweiten Spalten	52,98		—6,56	—3,62	—20,68	26,30	32,30
Summe dieser Werte . . .	105,75		—12,84	—7,50	—41,16	28,73	27,58
Differenz dieser Werte . .	—0,21		0,28	—0,26	0,20	—23,87	—37,02
Koeffizienten von 1, 3, 5 .	17,62		—2,14	—1,25	—6,86	4,79	4,60
,, ,, 11, 9, 7 .	—0,04		0,05	—0,04	0,03	—3,98	— 6,17

Gleichung der Kurve.

$$e_t = 17{,}62 \sin \omega t - 2{,}14 \sin 3\,\omega t - 1{,}25 \sin 5\,\omega t - 0{,}04 \sin 7\,\omega t$$
$$+ 0{,}05 \sin 9\,\omega t - 0{,}04 \sin 11\,\omega t - 6{,}86 \cos \omega t + 4{,}79 \cos 3\,\omega t$$
$$+ 4{,}60 \cos 5\,\omega t - 6{,}17 \cos 7\,\omega t - 3{,}98 \cos 9\,\omega t + 0{,}03 \cos 11\,\omega t\,.$$

Berechnung des Effektivwertes E.

Ordnung der Harmon.	A	B	A^2	B^2	$A^2 + B^2$
1	17,62	—6,86	310,46	47,06	357,52
3	—2,14	4,79	4,58	22,94	27,52
5	—1,25	4,60	1,56	21,16	22,72
7	—0,04	—6,17	0,002	38,07	38,07
9	0,05	—3,98	0,002	15,84	15,84
11	—0,04	0,03	0,002	0,001	—

$$\bar{e}_1^2 = 357{,}52$$
$$\Sigma\,\bar{e}_n^2 = 104{,}15$$
$$\bar{e}_1^2 + \Sigma\,\bar{e}_n^2 = 461{,}67$$

$$E = \sqrt{\tfrac{1}{2}\,(\bar{e}_1^2 + \Sigma\,\bar{e}_n^2)} = \sqrt{230{,}83} = 15{,}193$$
$$E_1 = \sqrt{\tfrac{1}{2}\,\bar{e}_1^2} \qquad = \sqrt{178{,}76} = 13{,}370$$
$$E - E_1 = \;\;1{,}823$$

$$\frac{E - E_1}{E_1} = \frac{1{,}823}{13{,}37} = 0{,}1363\,, \qquad E = E_1 \cdot 1{,}1363\,.$$

Für den gemessenen Wert $E_1 = 0{,}01 \cdot R_c = 0{,}9024$ V ist

$$E = 0{,}9024 \cdot 1{,}1363 = 1{,}025 \text{ V}.$$

Die Spannung wurde an dem 0,1 Ω Normalwiderstand, dessen genauer Wert 0,10005 Ω ist, gemessen. Der gewählte Ausschlag $\alpha = 100{,}0$ des Amperemeters für 12,5 A entspricht bei Gleichstrom 10,073 A (s. hierzu Tabelle 14, S. 132).

Hiernach ist $E_\mathfrak{S} = 0{,}10005 \cdot 10{,}073 = 1{,}008$ V.

16. Kontrolle der Genauigkeit der Messung kleiner Winkel.
(Hierzu s. S. 108.)

Bezeichnungen:

λ_R Ablesung am Mikrometer des Phasenschiebers (in mm) bei der Kompensation der Spannung am Ohmschen Widerstand R,

$\lambda_{R,L}$ desgleichen bei Serienschaltung des Widerstandes R und der Induktivität L, R' Ohmscher Widerstand der Induktionsspule

$$\Delta\lambda = \lambda_R - \lambda_{R,L}\,.$$

Phasenverschiebungswinkel in Minuten $\delta' = \Delta\lambda \cdot 100 \cdot 0{,}6 = 60\,\Delta\lambda,$

$\delta_\mathfrak{S}$ dessen Sollwert

$$\operatorname{tg}\delta_\mathfrak{S} = \frac{\omega L}{R + R'} \qquad \delta_\mathfrak{S}' = 3440\,\operatorname{tg}\delta \qquad \Delta\delta = \delta' - \delta_\mathfrak{S}'\,.$$

Apparate:

Präzisionskurbelkasten 10×100, 10×1000 und $10 \times 10\,000\ \Omega$. Normalien der Selbstinduktion.

Meßwerte.

$$f = 50\ (\omega = 314).$$

Nr.	R	R'	L	λ_R		$\lambda_{R,L}$	
			Henry	gemessen	Mittel	gemessen	Mittel
1	100	0,2	0,0001	4,95 93 93	4,93₅	4,92 92₅	4,92
2	100	0,7	0,001	5,09 08 08	5,08	4,90 90	4,90
3	100	1,8	0,005	4,71 70 71	4,71	3,83 85	3,84
4	100	2,8	0,01	4,30 32 33	4,32	2,61 60	2,61

Resultate.

Nr.	$\Delta\lambda$	δ'	$\delta'_{\ominus}$	$\Delta\delta'$
1	0,015	0,9	1,1	—0,2
2	0,18	10,8	10,8	0,0
3	0,87	52,2	53,1	—0,9
4	1,71	102,5	105,0	—2,5

Lebenslauf.

Ich W a l d e m a r (Wlodzimierz) L u d w i g v o n K r u k o w s k i wurde
am 19. September 1887 in Radom als Sohn des Untersuchungsrichters
Anton von Krukowski geboren, besuchte das humanistische Gymnasium
zu Narva, das ich im Juni 1905 mit dem Reifezeugnis verließ. Nach
zwei Semester Studium der Mathematik und Physik an der Universi-
tät zu St. Petersburg bezog ich zum Studium der Elektrotechnik im
Herbst 1906 die, Technische Hochschule zu Darmstadt, an der ich im
Juli 1913 die Diplom-Hauptprüfung für das elektrotechnische Fach
ablegte. Während meines Studiums habe ich praktisch in Maschinen-
bauwerkstätten und Elektrizitätswerken gearbeitet, ferner habe ich
mich mit speziellen theoretischen und experimentellen Arbeiten aus
dem Gebiete der Physik und Elektrotechnik befaßt und bin als
Assistent an der Erdbebenwarte Darmstadt-Jugenheim und als Hilfs-
assistent am Physikalischen Institut der Hochschule tätig gewesen.
Im Herbst 1912 trat ich in das Zählerlaboratorium der Siemens-
Schuckertwerke in Nürnberg ein, seit Anfang 1918 ist mir die Leitung
dieses Laboratoriums übertragen.